茶艺

茶天下

解茶性·通茶史
修茶艺·行茶礼·修茶道

茶里乾坤大，壶中日月长
和睦清心，明伦养性

Tuguan Cha Tianxia

茶艺

「茶为国饮，好茶者众，懂茶者寡」

茶艺，看似简单，实则大有学问
——中国茶之艺

雪液清舟涨井泉，自携茶灶就烹煎。
一毫无复关心事，不枉人间住百年。

何国松／编著

北京工业大学出版社

图书在版编目（CIP）数据

茶艺 / 何国松编著. -- 北京：北京工业大学出版社，2011.11

（图观茶天下）

ISBN 978-7-5639-2863-7

Ⅰ. ①茶… Ⅱ. ①何… Ⅲ. ①茶－文化 Ⅳ. ①TS971

中国版本图书馆CIP数据核字(2011)第206713号

图观茶天下——茶艺

编　　著：何国松
责任编辑：江　舒
封面设计：宋双成
出版发行：北京工业大学出版社
（北京市朝阳区平乐园100号 100124）
010-67391722（传真）bgdcbs@sina.com
出 版 人：郝　勇
经销单位：全国各地新华书店
承印单位：唐山才智印刷有限公司
开　　本：700mm × 1000mm 1/16
印　　张：16
字　　数：225千字
版　　次：2011年11月第1版
印　　次：2021年1月第2次印刷
标准书号：ISBN 978-7-5639-2863-7
定　　价：39.80元

前　言

中国是茶的故乡，中国人饮茶的历史源远流长，发展到今天，茶已不仅仅是一种单纯的饮品，更是作为一种文化、一种精神在延续、传承。品茶带给人的不仅是身体上的舒畅，更是一种精神上的享受。

与饮茶相伴相生的是中国茶艺的发展、演变。中国茶艺萌芽于汉晋，成形于唐宋，最后成熟是在明清时期。在这2000多年时间里，茶艺形成了独特的文化，发展出多种形式，这些历史的积淀成为现代茶艺发展的重要基础。

时至今日，在茶文化的诸多领域里，茶艺是一个非常重要的载体，它既是文化休闲中一种非常中国化的高雅形式，又是茶叶、茶具的最主要和最世俗的展示平台。

茶艺，看似简单，其实大有学问。本书从选茶、择水、配具、冲泡、品饮等多方面，系统地讲述了绿茶、乌龙茶、红茶、普洱茶、白茶以及其他茶的冲泡技艺和品饮艺术，从形式到内容、从技艺到文化、从物质到精神，深入浅出，细细道来，图文并茂，直观易懂，是一本值得茶饮爱好者、茶艺从业人员、茶艺爱好者、茶文化爱好者、茶馆经营者学习、欣赏、借鉴、收藏的实用性工具书。

目　录

目录

第一章

茶艺溯源

茶艺

茶艺之路

品茶是一种享受，也是一门生活艺术。要品好茶，不但要求科学地泡好茶，还要艺术地泡好茶，让人们在喝到芳香可口的茶汤同时，感到赏心悦目，得到审美上的满足。因此就要有一定的规范和程式，具有可操作性，才能在社会上推广开来，这种可操作性的泡茶、品茶的规范和程式就是茶艺。

品茗艺术的形成有一个历史过程，经过长期的实践、积累、演变才逐渐成熟定型的。

◇茶艺萌芽于晋代

西晋诗人张载在《登成都白菟楼》诗中写道："芳茶冠六清，溢味播九区。"赞美茶叶的芳香赛过各种饮料，它的滋味传播到九州大地。

茶园

这是首次描写茶叶的芳香和滋味，说明当时人们饮茶已经不是单纯地从生理需要出发，而是具有审美意味地在欣赏茶的芳香和滋味。也就是说人们已经开始将茶叶当做艺术欣赏的对象了，这是品茶艺术的萌芽。特别是杜育的《荈赋》，除了描写茶叶的生长、采摘之外，还提到用水、器具、茶汤的泡沫，并着重描写茶汤的泡沫：“惟兹初成，沫沉华浮。焕如积雪，晔若春藪。”意思是茶汤刚泡好的时候，茶末下沉，泡沫上浮。洁白如积雪，灿烂如春花。对茶汤泡沫如此重视、欣赏，表明当时饮茶不是为了解渴、保健，而是细心观赏泡沫的美丽色彩和形状，这是真正的品茶，现代茶艺的几个要素如取水、择器、冲泡、观赏汤色等都已经具备了。

小贴士

《荈赋》：是现在能见到的最早专门歌吟茶事的诗词类作品。晋代杜育（？～311年）作。荈，音chuǎn，指采摘时间较晚的茶。

◇茶艺形成于唐代

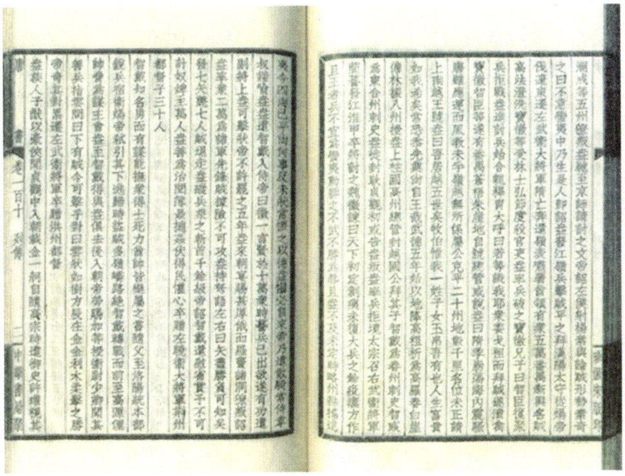

陆羽《茶经》

杜育的《荈赋》受到陆羽的重视，在《茶经•五之煮》中就很强调对茶汤泡沫的培育，在说到“及沸，则重华累沫，皤皤然若积雪耳”之后紧接着就引用杜育的原文：“《荈赋》所谓‘焕如积雪，晔若春藪’有之。”可见，陆羽的品茶艺术是受了杜育《荈赋》的深刻影响，也就是说，陆羽《茶经》中的煮茶技艺是在继承晋代以来的品茗艺术成就而形成的。

陆羽在《茶经•六之饮》中将唐代的煮茶技艺概括为九项：“一曰早、二曰别、三曰器、四曰火、五曰水、六曰炙、七曰末、八曰煮、九曰饮。”就是茶叶采制、茶叶鉴别、茶具、用火、用水、炙茶、碾末、煮茶、饮茶九个方面。其中以煮茶的技术要求最全面。

陆羽雕塑

陆羽在《茶经•五之煮》中也有详细记载。具体情形是：

先将茶饼放在炭火上烘炙，两面都要烘到起小泡如蛤蟆背状，然后趁热用纸囊包起来，不让精华之气散失。等茶饼冷却后将它碾磨成茶末，再筛成茶粉。等水烧到冒起如鱼眼大小的水珠同时微微发出响声，称为一沸，要放点盐进去调味。等水烧到锅边如涌泉连珠时为二沸，先舀出一瓢滚水备用，再用竹荚环击汤心，然后将茶粉从中间倒下去。过一会儿锅里的水翻滚为三沸，就将刚才舀出的那瓢水倒下去，此时锅里的茶汤会产生美丽的泡沫，称为“汤华”。这时茶汤就算煮好了，分别舀入茶碗中敬奉宾客。

陆羽总结的这套煮茶技艺的程序是：炙茶、碾茶、罗（筛）茶、烧水、一沸加盐、二沸舀水、环击汤心、倒入茶粉、三沸点水、分茶入碗，敬奉宾客。整套程序相当完整，技术要求也很明确、具体。

在整个煮茶技艺操作过程中，陆羽还特别重视对茶汤泡沫的培育，称之为“汤华”。华者，花也，指的是茶汤表面上浮泛的一层细密均匀的白色泡沫：“沫饽，汤之华也。华之薄者曰沫，厚者曰饽，细轻者曰花。如枣花漂于环池之上，又如回潭曲渚青萍之始生，又如晴天爽朗有浮云鳞然。其沫者若绿钱浮于水湄，又如菊英堕于尊俎之中。饽者以滓煮之。及沸，则重华累沫，皤皤然若积雪耳。《荈赋》所谓‘焕如积雪，晔若春藪’有之。”用枣花、青萍、鳞云、绿钱、菊英、积雪、春敷等一连串美丽的形容词来形容茶汤的泡沫，可见陆羽对此非常重视。而对茶汤的欣赏与生理需求无关，纯粹是审美需要。此时的饮茶已经不是为了解渴、提神、保健，而是成为一种生活中的艺术行为。

小贴士

蔡襄（1012～1067年），字君谟，为人忠厚、正直，讲究信义，而且学识渊博，书艺高深。书法史上论及宋代书法，素有“苏、黄、米、蔡”四大书家的说法。蔡襄书法以其浑厚端庄，淳淡婉美，自成一体。蔡襄同时也是一位茶学家。他为官时期，以民为本，注意发展当地经济，为福建茶业及茶文化的发展作出了一定贡献。

至此，中国茶艺开始形成。

◇茶艺成熟于宋代

唐代茶艺重视“汤华”（泡沫）的培育对宋代影响很大。宋代的点茶法的最大的特点正是对泡沫的追求。宋代盛行的斗茶就是以泡沫越多越白越好，即所谓的“斗浮斗色”。当宋代茶人们发现将茶粉直接放在茶盏中冲点击拂会产生更多更美的泡沫时，就会放弃唐代的煮茶法，而将早已在民间流传的“痷茶法”加以改进发扬成点茶技艺。《茶经•六之

宋代茶饮

饮》记载："乃斫、乃熬、乃炀、乃舂，贮于瓶缶之中，以汤沃焉，谓之痷茶。"宋代的点茶法则是将"瓶缶"改为茶盏，将茶粉放在茶盏里用少量开水调匀后再冲点开水，用茶筅击拂使之产生泡沫。用茶筅击拂所产生的泡沫会比煮茶法更多也更美观。

据宋代《茶录》、《大观茶论》等茶书的记载，点茶技艺的主要环节是：炙茶、碾茶、罗（筛）茶、候汤（烧水）、焙盏（烘茶盏）、调膏、注水、击拂、奉茶等。

宋代点茶与唐代煮茶技艺一个明显区别是茶汤泡沫的产生方法。煮茶法的泡沫是在煮茶时在鍑中自然产生的，而点茶法的泡沫是在茶盏中通过人工击拂产生的，是人们有意在茶盏中搅打出来的。宋代茶人对茶汤泡沫的高度重视可以《大观茶论》的一段记载为例：

蔡襄雕塑

"点茶不一，而调膏继刻，以汤注之。手重筅轻，无粟文蟹眼者，谓之静面点。盖击拂无力，茶不发立，水乳未浃。又复增汤，色泽不尽，英华沦散，茶无立作矣。有随汤击拂，手筅俱重，立文泛泛，谓之一发点。盖用汤之故，指腕不圆，粥面未凝，茶力已尽，云雾虽泛，水脚易生。妙于此者，量茶受汤，调如融胶，环注盏畔，勿使侵茶，势不欲猛。先须搅动茶膏，渐加击拂，手轻筅重，指绕腕旋，上下透彻，如酵蘖之起面，疏星皓月，灿然而生，则茶之根本立矣。”

对茶汤泡沫如此讲究，可见宋代点茶已经完全成为艺术行为，充满了诗情画意和审美情趣。除了泡沫之外，宋代茶人们还非常讲究茶汤的真味。陆羽的煮茶法虽然反对掺和葱、姜、枣、橘皮之类作料，但还是要放进食盐调味。宋代的点茶则连盐也不用，单纯品尝茶汤的芳香和滋味。宋代诗人们在诗歌中赞颂茶汤时经常是色、香、味并提，如“色香味触映根来”（黄庭坚），“色味新香各十分”（葛胜仲），“色香味触未离尘”（刘才邵）。

宋代的茶书也将色香味列为品茶的三大标准，如蔡襄《茶录》指出：

“色茶色贵白……以青白胜黄白。”“香茶有真香……民间试茶皆不入香，恐夺其真。”“味茶味主于甘滑。”宋徽宗的《大观茶论》则将“味”摆在第一位：“味夫茶以味为上，香甘重滑为味之全。”“香茶有真香，非龙麝可拟。”“色点茶之色，以纯白为上真。”

可见宋代茶人品茶，追求的是茶汤色香味的享受，茶的其他功效完全退到极次要的地位，甚至是在品茶时毫不考虑的因素。因此，“色、香、味”被列为品茶的三大标准，是宋代茶艺臻于成熟的重要标志。

◇茶艺发展于明清

茶艺在明清时期得到高度发展。宋代点茶讲究品尝茶汤的色香味。但是宋代点茶所用的茶是蒸青茶饼，它的制法是将采摘后的茶叶蒸熟、榨汁、压模、烘干成团状或饼状的茶饼，致使茶叶的色香味都受到很大损失，有时会加进一些香料作为弥补，结果又使茶失去真香真味。而民间饮用的散茶却不用蒸青而是直接烘焙，其香气自然胜过饼茶，于是逐渐传播开来。到了元代末年，社会上大多饮用散茶，饼茶只进贡给皇室。因此朱元璋当了皇帝之后，干脆就废除饼茶，改进芽茶。宋元盛行

散茶

数百年的点茶技艺就被散茶冲泡所代替了。

散茶冲泡在明代称为“瀹茶法”，其特点就是“旋瀹旋啜”，即将茶叶放在茶壶或茶杯里冲进开水就可直接饮用。瀹茶法的壶（杯）中茶汤没有“汤华”（泡沫）可欣赏，品茶的重点完全放在茶汤色香味的欣赏，对茶汤的颜色也从宋代的以白为贵变成以绿为贵了。明代的茶书也非常强调茶汤的品尝艺术。如陆树声《茶寮记》的“煎茶七类”条目中首次设有“尝茶”一则，谈到品尝的具体步骤是：

“茶入口，先灌漱，须徐咽，俟甘津潮舌，则得真味。杂他果，则香味俱失。”就是茶汤入口先灌漱几下，再慢慢下咽，让舌上的味蕾充分接触茶汤，感受茶中的各种滋味，此时会出现满口甘津，齿颊生香，才算尝到茶的真味。品茶时不要杂以其他有香味的水果和点心，因为它们会夺掉茶的真香。罗廪的《茶解》也专门谈到品尝问题：“茶须徐啜，若一吸而尽，连进数杯，全不辨味，何异佣作。卢仝七碗，亦兴到之言，未是事实。山堂夜坐，手烹香茗，至水火相战，俨听松涛，倾泻入瓯，云光缥缈，一段幽趣，故难与俗人言。”他主张品尝茶汤要徐徐啜咽，细细品味，不能一饮而尽，连灌数杯，毫不辨别滋味如何，等于是庸人劳作牛饮解渴。真正的茶人品茶，最好是山堂夜坐，亲自动手，观水火相战之状，听壶中沸水发出像松涛一般的声音，香茗入杯，茶烟袅袅，恍若置身于云光缥缈之仙境，这样的幽雅情趣是难以和俗人讲清楚的。屠隆在《考盘馀事》卷三“茶笺”中也强调要“识趣”：“茶之为饮，最宜精行俭德之人，兼以白石清泉，烹煮得法，不时废而或兴，

饮茶之趣

能熟习而深味，神融心醉，觉与醍醐甘露抗衡，斯善鉴者矣。使佳茗而饮非其人，犹汲泉以灌蒿莱，罪莫大焉。有其人而未识其趣，一吸而尽，不暇辨味，俗莫大焉。”屠龙这里所识之“趣”，即是罗廪所说的“幽趣”，都是指品茗活动中所追求的高雅的艺术情趣，这正是中国茶艺的一大特色。

这一特色在清代也得到继承和弘扬，特别表现在功夫茶艺上，寄泉《蝶阶外史•功夫茶》记载：“客至每人一瓯，含其涓滴而玩味之。”徐珂《清稗类钞》提到功夫茶时也说：“注茶以瓯，甚小，饷一瓯，含其涓滴而咀嚼之。”这“玩味”、“咀嚼”的就是茶汤的色、香、味。至于如何“玩味”“咀嚼”，可用梁章钜《归田琐记》中记载闽南茶人品尝功夫茶为例：

一曰香，花香小种之类皆有之。今之品茶者以此为无上妙谛矣，不知等而上之则曰清，香而不清，犹凡品也。再等而上之则曰甘，香而不甘，则苦茗也。再等而上之则曰活，甘而不活，亦不过好茶而已。活之一字，须从舌本辨之，微乎微乎，然亦必瀹以山中之水，方能悟此消息。

茶人利用舌上之味蕾居然能将茶汤的芳香滋味分出香、清、甘、活四个品级，可见清代之茶艺已经达到高度成熟的地步。

◇茶艺发达于当代

中国茶艺的高度发达时期是在当代。自从20世纪70年代茶文化热潮

斟茶

先后在海峡两岸兴起之后，茶艺活动蓬勃开展，很快推广到全国各地，甚至远播国外。最先作出成绩者是台湾的茶艺界人士。“茶艺”一词就是他们首先使用的。早在1977年，有著名民俗学家娄子匡教授为首的一批爱茶人，倡议弘扬茶文化，推广品饮茗茶的民俗。在讨论用什么名称来概括这重新兴起的茶事活动时，有人主张用“茶道”这个词，但有人认为“茶道”虽然起源于中国，但已被日本专美于前，继续套用恐怕会引起误会，以为是把日本的茶道搬过来。经过大家讨论，最后确定使用“茶艺”这个词。这里的茶艺与茶道有明显的区别，它是专指泡茶的技艺和品茶的艺术。茶道是茶艺实践过程中所追求和体现的道德理想。茶艺是茶道的载体，是茶事活动中物质和精神的中介，只有通过茶艺活动，没有生命的茶叶才能与茶道联系起来，升华为充满诗情画意和富有哲理色彩的审美意境。所以茶艺具有独立的存在价值。应该说，“茶艺”一词的产生和付诸实践并获得成功，是台湾茶文化界对中华茶文化事业的一个贡献。

1978年在台湾分别成立了“台北市茶艺协会”和“高雄市茶艺协会”，又在1982年成立了“中华茶艺协会”，由台湾著名茶叶专家吴振铎先生担任理事长，创办《中华茶艺》杂志，开展“茶艺选拔赛”、“茶艺再出发”等各种活动，使得20世纪80年代成为台湾茶艺的黄金时代。而大陆也在90年代相继成立了“中国国际茶文化研究会”、“中华茶人联谊会”、“中国茶叶流通协会”等相关组织，都将茶艺列为其经常开展的活动之一。前者还建立“茶艺工作委员会”，后者也建立“茶

台北茶艺馆

道专业委员会”，专门负责指导全国的茶艺活动。建立专门的社团组织，有计划、有领导地开展茶艺活动，可以组织、动员广大民众参与茶艺事业，也能保证茶艺活动沿着积极、健康的方向发展。这正是新时代茶艺活动最突出的特点，是历史上任何一个时期都不能比拟的。

由于茶艺是项健康、文明的生活艺术，有利于陶冶个人性情、协调人际关系、净化社会风气，对建设精神文明，构建和谐社会，都可以发挥积极作用，因此受到各级政府和有关社会团体的重视和支持，除了经常开展大型活动之外，还在群众中进行宣传、推广、普及。如上海、浙江、北京、广州等地，都经常开展群众性的茶艺活动。特别是上海，还开展少儿茶艺活动，将茶艺送到学校，引进家庭，经常举办社区茶艺讲座，举行少儿茶艺比赛、家庭茶艺比赛等活动，获得政府和群众的好评。茶艺从个人的品茶爱好发展成为群众性的文化活动，是新时代茶艺事业的一个重大成就。

台北茶艺馆

小贴士

茶具是房间必备用品，包括茶杯、茶盘、茶碟、糖缸。茶具的造型种类很多，选购时要精选款式新颖、线条流畅、构思奇巧、精巧工整、富有艺术性的茶具。成套茶具的布置，要以使用顺手、便于观赏为准则，一般不宜放在较高的家具上。

经过30来年的努力，特别是近20几年来大陆茶文化事业的迅猛发展，带动了全国茶艺馆业的复兴，一大批文化界有识之士介入到茶文化活动中来，还有许多专家学者投身于茶文化理论研究，对茶艺的科学内涵进行理论探讨，出版了众多的学术论著，也极大地推动了中国茶艺事业的发展。尽管这些著作所论见仁见智，深浅不一，未必都能取得共识，但互相切磋，互有启发，开阔了人们的视野，打开了人们的思路，对中国茶艺的理论建设是大有裨益的。众多探索中国茶艺理论著作的问世，也是新时代茶艺事业健康发展的重要标志之一。

在茶艺实践中，海峡两岸的茶艺专家们也积极地进行探索，取得了可喜的成绩。如20世纪七八十年代，台湾茶艺界人士就将流行于闽、粤、港、台地区的民间品饮乌龙茶的潮汕功夫茶艺加以整理、改良成“台式功夫茶”，有的还添加了闻香杯、公道杯等茶具，将闻香单独作为一道程序，后来还流行到大陆。1989年在北京举办“茶与文化展示周”，台湾茶艺界向首都观众演示了台湾功夫茶艺。北京茶艺界也推出盖碗茶艺和清宫茶艺，云南省茶艺界带来了“白族三道茶”等民族茶艺。

1990年福建省武夷山市举办首届岩茶节时，将当地的传统功夫茶进行整理，正式登台表演，1991年还赴日本参加“中日茶文化交流800年纪念展览会”，向日本观众演示。与此同时，浙江、上海的茶艺界也加工整理了传统的盖碗茶艺和玻璃杯冲泡茶艺，经常在一些茶文化活动中演示，均受到广大群众的热烈欢迎。20世纪90年代以后，茶文化活动在大陆形成热潮，每年各地都要举办各种规模的茶会和研讨会，茶艺表演成为重头戏，原有的传统茶艺表演已不能满足要求，各地茶艺界人士就编创了许多新型的茶艺节目，这些新型的茶艺主题鲜明、内涵深刻，体现中国茶道的和、静、雅本质特征，同时形式多样，各具特色，形成了中国茶艺百花园万紫千红的繁荣局面。茶艺也就逐渐发展为一种具有相对独立性的艺术形式，登上了表演舞台。这更是中国茶艺在新时代兴旺发达的最重要成果。

茶艺的类别

茶艺的分类并无统一的标准。有根据茶艺执行者或服务对象的阶层或界别为主体进行分类的，如宫廷茶艺、文士茶艺、宗教茶艺和民族茶艺等；有根据茶艺的起源和适用地区进行分类，如安溪茶艺、台湾茶艺和香港茶艺等；有根据茶艺的发起人或茶艺队的领头人的姓名命名的，如某氏茶艺；也有按茶类不同进行划分的，如绿茶茶艺、乌龙茶茶艺、红茶茶艺和花茶茶艺等；还有根据烹茶方法分类的，如煎茶茶艺、点茶茶艺等；也有根据烹茶所用器具划分，如壶泡茶艺、盖杯泡茶艺、玻璃杯泡茶艺等。

玻璃杯泡茶

茶艺的分类，之所以有各种不同观点和方法，是由于不同研究者侧重的分类主体不同而造成的。“茶艺”，顾名思义，茶应该是主体。不同茶类，由于茶树品种和加工方法不同而具有不同的特性，因而要求不同的烹茶器具和烹茶方法。中国虽然茶类众多，但都可以分别归入六大茶类之中。在某一茶类中，如绿茶类，除了炒青、烘青和蒸青以外，各地还有众多的名优茶，不同绿茶名优茶在泡饮上会有不同的方式，但基本要求是一致的，无论何种泡饮法，都是为了更好地以保持“清汤绿叶”为出发点，即基本原理是一致的。因此，所谓“艺”是以“茶”为中心而制定的。不同地区，不同民族，对于饮茶都有一定的茶类要求，如广东、福建和台湾普遍饮用乌龙茶，江南一带多饮绿茶，华北地区则偏向于饮用茉莉花茶；蒙古族和藏族人民喜爱黑茶类。按茶类划分茶艺种类，既体现饮茶技艺，也在一定程度上反映了民族和地区特点。所以，按茶类对茶艺进行分类，比较科学，容易为大多数人所接受。

另外，由于不同茶类对烹茶用具和烹茶技艺具有相似性，所以，有的学者将茶类、用具和烹茶技术三者综合起来，将茶艺分为煎茶茶艺、点茶茶艺、泡茶茶艺和煮茶茶艺四大类。其中，泡茶茶艺因用具和技艺不同，又分为功夫茶艺、壶泡茶艺、盖杯泡茶艺、玻璃杯泡茶艺、功夫法茶艺和民族茶艺六种。功夫茶艺又细分为武夷功夫茶艺（即青茶小壶单杯泡法）、武夷变式功夫茶艺（用盖杯替代茶壶的单杯泡法）、台湾功夫茶艺（小壶双杯泡法）和台湾变式功夫茶艺（用盖杯替代茶壶的双杯泡法）。壶泡茶艺又细分为绿茶壶泡茶艺、红茶壶泡茶艺。盖杯泡茶艺又细分为绿茶盖杯泡茶艺、红茶盖杯泡茶艺、花茶盖杯泡茶艺。玻璃杯泡茶艺可细分为绿茶玻璃杯泡茶艺

四川的盖碗茶

江浙熏豆茶

和黄茶玻璃杯泡茶艺。功夫法泡茶艺又细分为绿茶功夫法茶艺、红茶功夫法茶艺和花茶功夫法茶艺。有的学者所指的民族茶艺则是指四川的盖碗茶、江浙的熏豆茶、江西修水的菊花茶和云南白族的三道茶等。

茶艺的功用

茶艺的社会功能与茶的社会功能密切相关。一方面随着茶学学科的发展和科学研究的深入，促进了茶的社会功能的丰富，加快了茶产业的发展，使之成为国民经济的组成部分；另一方面，随着对茶科学认识的提高，茶饮技艺的完善，饮茶已经由单纯的“解渴、祛毒”发展成为追求身心健康的高品位的物质和文化享受，并成为一种重要的文化表现形式，即茶艺。一杯清茶，被中华儿女喝得精致、精彩、精妙、精美、精巧，成为人们熟悉的一种情感、一种愿望、一种心态、一种生活方式。茶礼、茶德等一整套的道德风尚，敬茶、茶会、茶宴等一系列的风俗民情，融合我国博大精深的儒家、释家和道家的中庸、俭德、明伦、谦和等哲学内涵，成为中华文化优良传统的重要组成部分。现代科学技术的进步带来物质文明的迅猛发展，精神文明的发展也不能滞后，人们对精神享受的需求越来越迫切。当代中国茶艺文化研究热的出现迎合了时代的需求。中华茶艺的形式多样、内容丰富多彩，备受人们青睐。中华茶艺既有庙堂的清音雅乐，又有民间的山歌野曲；既有厚重的历史积淀，又有清新的时代气息；既有饮后齿颊留香的物质享受，又有顿悟得道的精神慰藉。因此参与茶事、茶艺的人数越来越多，其社会功能越来越凸显。中华茶艺文化，以茶为中心，茶事、茶艺为媒介，将茶的物质性和精神性以及事茶者的主观能动性发挥到极致。

茶艺的社会功能受到茶的自然特性的影响，并由茶艺茶事参与者的内心感受表现出来。概括起来，茶艺活动的主要社会功能有联谊会友、示礼表德和修身养性等。

◇联谊会友

以茶会友的日本人

以茶会友，客来敬茶，向来是中华民族的优良传统。茶性至俭至清、味恬淡、先苦后甘。因此，茶具有俭朴、清廉和静的属性，与中华民族一向崇尚的俭朴本分、淡泊明志、宁静致远、先苦后甜的传统美德相吻合。通过简单朴素的品茗活动、赠茶琐事等，以茶会友、以茶联谊，体现的是一种超凡脱俗的“君子之交淡如水”的境界。

茶是友情亲情的载体，茶可引出话题，助长谈锋。当今社会交往频多，亲朋好友相聚茶楼，或在家中待客，以茶会友已成为人际交往的主要形式。朋友相见，手捧香茶一杯，边品边叙，感到无比亲切祥和，可谓“尘心洗尽兴难尽”。由唐宋时的“茶宴”演变而成“茶话会”，以其简朴、庄重，又不失生动活泼的形式，为迎新送老、表彰庆祝、座谈讨论等大型活动所采用，可谓“清茶一杯谈国事”。

茶艺文化，甚至非常简朴的清茶一杯，没有了盛筵酒席的奢华和俗气，拉近了交往者的距离，促进彼此的了解，推动友情向更高层次发展，正如唐代皎然《饮茶歌送郑客》所云：“丹丘羽人轻玉石，采茶饮之生羽翼……霜天半夜芳草折，烂漫缃花啜又生，赏君此茶祛我疾，使人胸中荡忧栗，日上香炉情未毕，醉踏虎云溪，高歌送君出。”茶可谓是联系友谊亲情的良好纽带。社会发展了，物质丰富了，但文化不能落后，社会风气不能污浊，道德不能沦丧。改革开放后，茶艺文化实践证明，茶艺活动具有净化社会文化环境、促进社会精神文明建设的作用。

◇示礼表德

日本人的敬茶礼仪

茶艺、茶事均以德为中心，重视人的群体价值，倡导无私奉献和人文关怀，反对见利忘义和唯利是图，注重协调人与人的相互关系，提倡修身养德、对人尊重，有利于人际关系的改善，解决现代人的精神困惑，提高人的文化修养。

客来敬茶、以茶待客是中华民族一种最基本的礼节。虽然是一杯清茶，但所要传递的是主人对宾客的尊重和关心，显示出宾主之间的高雅脱俗和融洽的关系。上至会见国宾，下至亲朋好友相见，甚至是陌生人同聚，首先都是以茶示礼。

唐代陆羽《茶经》有云，茶之“为饮，最宜精行俭德之人”。唐代裴汶《茶述》也云，茶“其性精清，其味淡洁，其用涤烦，其功致和”。日本千利休茶道精神的“和、敬、清、寂”和我国著名茶学专家庄晚芳教授所倡导的“廉、美、和、敬”的茶德，都体现出茶以及茶艺、茶道是社会文明规范和道德观念的良好载体。通过茶艺、茶道等行为，不仅给人以艺术美的享受，同时也将廉俭育德、美真康乐、和诚处世、敬爱为人的真善美精神内涵传递给活动的参与者，提高其精神境界。

◇修身养性

在当今激烈的社会竞争下，紧张的学习工作、频繁的交往和应酬，复杂的人际关系，都使现代人的精神备受摧残，而且随着社会的发展趋势，这种令人窒息的精神压力还在不断地增加。生活在高楼丛立的都市人迫切需要自己的精神家园，需要恬静的反思和绵绵的寄托，需要压力的释放和宣泄。古人对事茶品茗后的美妙感受记载颇多，如唐代诗僧皎然云：“一饮涤昏寐，情思爽然满天地；再饮清我神，忽如飞雨洒轻尘；三饮便得道，何须苦心破烦闷。”颜真卿云：“流华净肌骨，疏瀹涤心源。”曹邺云：“六腑睡神去，数朝诗思清。”高鹗也云：“漱齿浓消酒，浇胸清入诗。”可见参加茶艺、茶文化活动，不仅让人获得知识、趣味、康乐和美的享受，而且可以释放久蓄的压力，放松自己的心情，纯化自己的心灵，获得人文关怀，提高自身的思想境界，以应付新的人生挑战。唐代刘贞亮平生喜欢饮茶，并将事茶的好处归纳为：以茶散闷气，以茶驱睡气，以茶养生气，以茶除病气，以茶利礼仁，以茶表敬意，以茶尝滋味，以茶养身体，以茶可行道，以茶可雅志。

小贴士

在行车前和途中饮点较浓的茶水，能增加人的呼吸频率和浓度，促进肾上腺的分泌，兴奋神经系统，抵抗疲劳瞌睡。

日本荣西禅师《吃茶养生记》也云：“贵哉茶乎，上通诸天境界，下资人伦矣，诸药各为一病之药，茶为万病之药而已。”可谓，以身事茶，既可修身养性，又可因“吐纳而常新”。而一位英国政界领袖则以

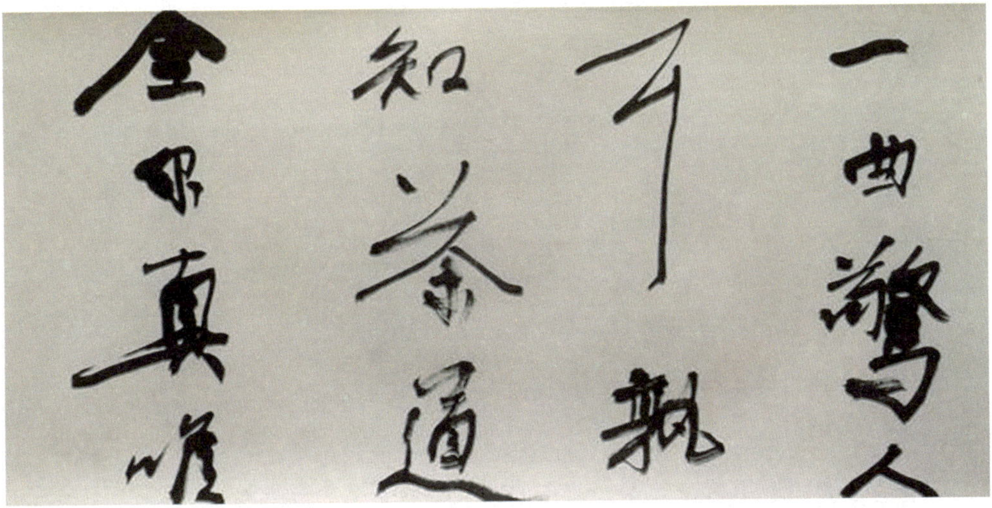

唐代诗僧皎然茶诗书法

更加浪漫的语言说：“如果你发冷，茶会使你温暖；如果你发热，茶会使你凉快；如果你抑郁，茶会使你欢快；如果你激动，茶会使你平静。”

现代都市，各种茶楼、茶馆林立；各种茶艺、茶事活动不断；正是顺应了现代人的精神渴求，或商务洽谈，或朋友小聚，或新禧欢庆，皆可以茶的品饮为媒介，既放松心情，营造温馨环境，又可修身养性，传递文明礼貌。

第二章

茶品荟萃

茶的分类

中国是茶的祖国。茶的种类很多，名称复杂、制法各一。为了便于对各种茶的识别，了解其分类和制法很有必要。

◇传统分类法

杭州西湖龙井茶

茶叶的名称历史上命名方法很不相同。有的以采制季节分为：春茶、夏茶、秋茶；有的以产地取名，如杭州西湖龙井茶、福建武夷岩茶；有的按销售分为内销茶、边销茶、外销茶；有的依茶树品种不同分为铁观音、黄金桂、水仙、肉桂等；有的根据制茶技术分为炒青、晒青、烘青和蒸青等；有的以制造中发酵程度分为不发酵茶（绿茶）、半发酵茶（乌龙茶）和全发酵茶（红茶）；有的以形状冠以珍眉、瓜片、雀舌等；有的形容色、香、味的如黄芽、黄汤等。以上各种命名有的至今仍在沿用。但这种分类方法都有其局限性，不能全面表示各类茶的特点及其内在联系。

◇以茶叶内含化学成分的变化分类

从茶树上采下的鲜叶，经过不同加工方法形成不同茶类，主要的是鲜叶在不同加工条件下，叶内各种化学成分发生了不同变化的结果。如同一批鲜叶经过制红茶的加工工序，则成为红汤红叶的红茶品质特征；

若鲜叶经过制绿茶的加工工序，便成为与红茶完全不同、清汤绿叶的绿茶品质特征。而在鲜叶加工中变化最大的，对形成各类茶叶不同品质特征起着主要作用的是多酚类化合物。茶多酚类化合物中儿茶素占70%左右，所以常以儿茶素代表多酚类化合物的变化。

制茶过程中儿茶素的变化

茶类	黄茶	绿茶	黑茶	白茶	红茶
鲜叶儿茶素总量（毫克/克）	148.39	158.36	141.82	247.94	147.93
毛茶（毫克/克）	55.85	108.71	38.68	56.08	3.70
减少（%）	63.37	31.36	72.73	76.83	97.59

从上表可见，各类茶的多酚类化合物的氧化程度是有差异的。绿茶是经过高温杀青，破坏了酶的活性，是一种不发酵茶，多酚类化合物氧化而减少以绿茶为最少；相反红茶是经过萎凋和揉捻，增强了酶的活性，经过发酵，多酚类化合物充分地氧化，因此减少得最多。其余黄茶、黑茶、青茶、白茶的多酚类化合物氧化程度介于绿茶和红茶之间。

◇以制茶工艺结合茶叶品质特征分类

从制茶工艺来看，由绿茶到红茶是简单到复杂的发展过程，一个茶类比一个茶类更深刻，这就充分表明了各类茶品质与制法之间的内在联系。在鲜叶加工过程中，多酚类化合物氧化过程的不断加深，茶叶的汤色由黄绿色向绿黄色、黄色、橙黄色、红色、红褐色渐变。茶叶外观色泽也由绿色向黄绿色、黄色、青褐色、黑色渐变。因此，以制法为基础，结合茶叶品质特征进行分类是最有科学依据的。这种分类方法，不仅在制法和品质特征方面具有科学的系统性，而且便于茶叶加工技术和品质方面的研究，同时这种分类法基本符合各类茶演变的客观规律。依据制法和茶多酚氧化程度不同，我国现代生产的茶叶，从初制的角度可分为绿茶、红茶、乌龙茶、白茶、黄茶和黑茶六个大类。

◇我国六大茶类

1.绿茶

绿茶，也称为不发酵茶，以适宜茶树新梢为原料，经杀青、揉捻、干燥等典型工艺过程制成。因干茶色泽和冲泡后的茶汤、叶底主要呈现绿色而得名。

绿茶

绿茶是我国制茶历史上出现最早的茶类，至今仍是我国产、销量最大，消费人口最多的茶类。

因为绿茶是不发酵茶，其特性决定了它较多地保留了鲜叶内的天然物质。其中茶多酚、咖啡碱保留了鲜叶的85%以上，叶绿素保留50%左右，维生素损失也较少，从而形成了绿茶“清汤绿叶，滋味收敛性强”的特点。最新科学研究结果表明，绿茶中保留的天然物质成分，对防衰老、防癌、抗癌、杀菌、消炎等均有特殊效果，为发酵类茶等所不及。

中国绿茶中，名品最多，不但香高味长，品质优异，且造型独特，具有较高的艺术欣赏价值。绿茶按其干燥和杀青方法的不同，一般分为炒青、烘青、晒青和蒸青绿茶。

2.黄茶

现代黄茶的制法最早出现在明代，是由炒青绿茶制作方法掌握不当而产生的。在绿茶制造过程中，如果杀青温度低或时间过长，杀青后未及时摊凉和揉捻，揉捻后未及时干燥，堆积过久，都会使叶子变黄，产

黄茶

生黄汤黄叶，形成类似黄茶的品质。茶人在生产实践中对这样的情况加以研究总结，就创造出了黄茶制法。明代许次纾在《茶疏》中一段对安徽六安霍山的大蜀山茶农不善制茶的批评文字正好说明了这种演变历史：“顾彼山中不善制造，就以食铛火薪焙炒。未及出釜，业已焦枯，讵堪用哉？兼以竹造巨笥，乘热便贮，虽有绿枝紫笋，辄就萎黄，仅供下食，奚堪品斗？”今天霍山黄大茶的制法，也正是如此。

3.黑茶

黑茶也是由绿茶演变而来的。绿茶在制造过程中，在制品若堆积过久（几十个小时），叶色就会由绿变黄、变黑；制干后的绿茶在贮存或运输过程中，长时间堆积，尤其在阴雨天里，也会变黄，甚至变黑。通过对绿茶的这种色变现象的研究，古代茶人创造了黑茶制法。明代对黑茶已有记载。当时黑茶多为运销边区以换马匹的边茶。明代嘉靖三年（1524年），在御史陈讲的奏疏中最早提到黑茶：“商茶低伪，悉征黑茶，产地有限，乃第为上中二品，印烙篦上，书商名而考之。每十斤蒸晒一篦，送至茶司，官商对分，官茶易马，商茶给卖。”《明会典》中也载：“隆庆五年（1571年）令买茶中马事宜。各商自备资本，执引前去各该衙门，比号相同，收买真细好茶。毋分黑黄正附，一例蒸晒，每篦重不过七斤……运至汉中府辨验真假黑黄斤篦。”崇祯十五年（1642年），太仆卿王家彦在上疏中也说：“数年来茶篦减黄增黑，敝茗赢驷，约略充数。”这些记载表明，黑茶的制造始于明代中期。

黑茶

4.白茶

关于白茶，古代文献中有不少记载。但唐宋时的所谓白茶，其实是指用芽毫特多的，或叶色近白的茶树品种制成的茶叶，与现代不炒不揉、生晒制干工艺制成的白茶不同。例如，宋徽宗赵佶在《大观茶论》中记载："白茶自为一种，与常茶不同。其条敷阐，其叶莹薄。崖林之间偶然生出，盖非人力所可致。正焙之有者不过四五家，生者不过一二株，所造止于二三铸而已。芽英不多，尤难蒸焙。"说明这种白茶树品种很少见，而加工仍是按蒸青绿茶的制法。

小贴士

田艺蘅（1524～？）明代文学家。字子艺，浙江钱塘（今杭州）人。作诗有才调，博学能文，为人高旷磊落，好酒任侠，善为南曲小令，老愈豪放，斗酒百篇，著有《大明同文集》、《留青日札》、《煮酒小品》、《煮茶小品》、《老子指玄》及《田子艺集》等。

关于白茶加工方法的最早记载应是明代田艺蘅的《煮茶小品》："芽茶以火作者为次，生晒者为上，亦更近自然，且断烟火气耳。况作人手器不洁，火候失宜，皆能损其香色也。生晒茶瀹之瓯中，则旗枪舒畅，青翠鲜明，尤为可爱。"这里的芽茶制法与现代白茶制法极为相似。

白茶

现代白茶是品种与制法相结合的产物。白茶名品"白毫银针"就是从清咸丰、光绪年间发现的大白茶树上采下的芽头用白茶工艺制成的。采下的一芽二三叶嫩梢则加工成"白牡丹"。

5.乌龙茶（青茶）

乌龙茶最早诞生在福建，是由武夷茶发展而来的。对乌龙茶起源的时间，

乌龙茶

学术界尚有争议。目前所能查到的有关乌龙茶制法的文字记载，最早见于清代陆廷灿《续茶经》（1734年）所引述的王草堂的《茶说》。《茶说》在阐述武夷茶时写道："茶采后，以竹筐匀铺，架于风日中，名曰晒青。俟其青色渐收，然后再加炒焙。阳羡芥片只蒸不炒，火焙以成。松萝、龙井，皆炒而不焙，故其色纯。独武夷炒焙兼施，烹出之时半青半红。青者乃炒色，红者乃焙色也。茶采而摊，摊而摝，香气发越即炒，过时不及皆不可。既炒既焙，复拣去其中老叶、枝蒂，使之一色。"从这段文字的描述来看，武夷茶的制法和成品茶品质特色与现代乌龙茶极其相似，可以肯定这时的武夷茶即属于乌龙茶类。《茶说》的成书时间在清代初年，因此，可推断乌龙茶制茶工艺的形成定在此时间之前，约在明末清初。

6.红茶

红茶

红茶是由武夷岩茶（乌龙茶）简化加工工序演变而成的一种全发酵茶类。最早的红茶生产是从福建崇安县星村镇的小种红茶开始的。清代刘靖在《片刻余闲集》（1732年）中记述："武夷茶高下共分两种……其生于山上岩间者名岩茶，其种于山外地内者名洲茶。岩茶中最高者曰老树小种，次则小种，次则小种功夫，次则功夫，次则功夫花香，次则花香。洲茶中最高者曰白毫，次则紫毫，次则芽茶……山之第九曲尽处有星村镇，为行家萃聚之所。外有本省邵武、江西广信等处所产之茶，黑色红汤，土名江西乌，皆私售于星村各行。而行商则以之人于紫毫、芽茶内售之，取其价廉而质重也。"由此可见，在18世纪初，功夫和小种都是武夷岩茶中的上品，以后在星村市场上才出现福建、江西边境生产的“黑色红汤”的小种红茶。

自星村小种红茶被创制出来后，经逐渐演变又产生了功夫红茶。随后功夫红茶制法又由福建传至安徽、江西等地。1875年，余干臣从福建罢官返回安徽老家时，将福建红茶制法也带了回去，并在当地设庄进行红茶生产，最后创出了蜚声中外的“祁门功夫”红茶。后来“星村小种”和“祁门功夫”成为我国出口的传统红茶中两个著名品种。19世纪，我国的红茶制法传到印度、锡兰（斯里兰卡的旧称）等国。20世纪20年代，印度等国开始发展红碎茶。 由于红碎茶滋味更浓，很受国外消费者喜爱，产销量逐年增加，至今已成为世界茶叶贸易市场的主要茶类。我国在20世纪50年代末开始试制红碎茶，到今天已有了很大发展。

◇从素茶到花茶

我国花茶的制作至少已有七八百年的历史了。在用香花窨茶出现之前，人们采用的是在茶中加入香料来增加茶的香气。例如，北宋蔡襄在《茶录》中谈到茶香时云：“茶有真香，而入贡者微以龙脑和膏，欲助其香。”这是说在北宋初年，进贡皇帝的龙凤团茶为增其香，制作时要加一种龙脑香料。由于这种龙脑香料十分昂贵，故仅限于贡茶中使用，民间鲜为人知。又由于这种香料的香味过于浓烈，茶入香后影响了茶的真味，最后这种加香茶未能得以发展。后来人们在茶中加入香花来增加茶香，就产生了花茶。南宋时对花茶的记述逐渐增多，例如，陈景沂在《全芳备祖》中提到：“茉莉薰茶及烹茶尤香。”在苏州词人施岳《步月•茉莉》词中也对茉莉花焙茶有记述。该词原注对此做了更明确说明：“茉莉岭表所产，古今咏者

茉莉花

不甚多……此花四月开，直至桂花时尚有玩芳味。古人用此花焙茶。”说明在南宋时已出现了用茉莉花制作花茶的方法。通过考查施岳生平可知，他生于吴，卒于杭。从其生活的地区来看，我国花茶的出现，最早可能源于南方苏杭一带。

茉莉花茶

对花茶制造方法的记载最早见于朱权《茶谱》：“薰香茶法，百花有香者皆可。当花盛开时，以纸糊竹笼两隔，上层置茶，下层置花，宜密封固，经宿开换旧花。如此数日，其茶自有香味可爱。”可见，当时花茶是“隔离薰香”的。这种方法虽然节省了人工拣花的时间，但因茶与鲜花隔离，会影响茶坯吸收香气。后来针对“隔离薰香”方法的不足，发展成为窨制法，即把香花与茶坯混合，以提高茶坯的吸香效果。明朝时，花茶生产得到较大发展。除茉莉花茶外，还创制了多种香花花茶。在钱椿年编写，顾元庆删校的《茶谱》中，对当时多种花茶的加工方法都做了具体描述，如橙茶、莲花茶等，并指出：“木樨、茉莉、玫瑰、蔷薇、兰蕙、桂花、栀子、木香、梅花皆可作茶。”

中国古代花茶的大发展是在清咸丰年间（1851～1861年）。当时茉莉花茶大量生产，畅销华北、东北各地。于是各地茶商纷纷到福州设庄窨制花茶，规模越来越大。约在1890年前后，福州便成为全国

小贴士

现代科学研究发现，茶叶能使齿牙坚密，这是因为茶中有一种叫“氟”的元素的缘故。龋齿的发生与机体的抗龋能力有关，而机体的抗龋能力又与牙体组织内含氟元素的多少有关。茶叶是一种富含氟素的饮料，饮茶或用茶漱口是防治龋齿的有效方法。

花茶窨制中心。抗战期间，由于南北交通受阻，福州生产的花茶难于行销华北，此时苏州花茶迅速崛起，成为当时花茶生产的又一个中心地区。

茶的加工

◇茶叶的采摘

茶叶采摘既是茶树栽培的收获过程，也是增产提质的重要栽培管理措施，采摘合理与否决定了茶树芽叶新梢的生育状况，从而关系到单位面积产量的高低和品质的好坏。

摘茶

采摘的对象是茶树新梢上的芽叶。新梢在萌发过程中，随着外界条件的变化，芽叶变化很大。采摘依不同条件没有固定标准，因采期不同，采法不同，获得不同的芽叶，会影响了当时或后期的产量和品质，形成新梢生育长期与短期的矛盾、产量与品质的矛盾，进而影响茶叶生产成本和劳力的安排。合理采茶是指在一定的农业技术条件下，在有较好的栽培管理的各种采叶茶园上，通过人为的采摘，能够显示出比较长期的良好的综合作用，能适当调节茶叶产量与品质的矛盾，协调茶叶采摘与留叶养树的矛盾，调整长远利益与眼前利益的矛盾，从而获得持续高产优质的制茶原料，取得较高效益。

◇茶叶采摘的原则

从目前国内外茶叶生产的发展和对于多数茶类而言，合理采摘应掌握以下几点原则：

采茶

（1）采摘应因地因时因树制宜，从新梢采摘的芽叶，必须符合某一类茶加工原料的基本要求。

（2）采茶要量质兼顾，既要数量多，又要质量好，在同一品种同一管理水平的成年茶园，通过采摘，能够持续不断地取得高产优质的效果，并且能借以调节产量与品质间的矛盾，调节一季、一年与比较长期的产量和品质之间的矛盾。

（3）在采摘的同时，注意适当地留叶养树，确保茶树在年生育周期内留有适量的新生叶子，维持茶树正常而旺盛的生长势。通过采摘，能够不断地促进茶树新梢的萌发，增加树冠上新梢的密度和生育强度，有利于增加采收次数，延长采期，并能借以调节茶树在全年各个时期的生长势，增强光合作用，促使茶树生长健壮，延长经济年龄。

（4）能够适当兼顾同一茶类、不同等级或者不同茶类的加工原料。借以调节当地采制劳力的安排，提高劳动生产率。

（5）采茶必须与各项栽培技术措施密切配合。没有良好的肥培管理，就不可能有大量可供采摘的标准新梢，发是采的前提，没有发就谈不上采，因此，合理采茶，必须建立在加强肥培管理的基础上，尤其要与科学的修剪制度相配合，并充分满足茶树对水肥的需要。

◇茶叶采摘标准的制定

幼年茶树

依据茶树生长来确定采摘标准，因茶类或茶类中等级、树龄树势而不同，其中最主要的条件是依据决定品质因素的化学组成。

（1）依茶类的不同，采摘标准分

为细嫩采、适中采、成熟采三种。

细嫩采指芽初萌发或初展1～2片嫩叶时就采摘，如“雀舌”，以细嫩芽叶可制成针形、特级龙井、碧螺春、芽茶等名优茶。适中采是当前最普遍的采摘标准。当新梢伸长到一定程度，叶子展开3～4片时，以采下一芽一叶为主，兼采一芽三叶和细嫩对夹叶。一芽二叶细嫩采产量和品质较优越，经济效益较高。成熟采也叫开面采，是乌龙茶、黄大茶、黑茶等所用的采摘标准，绿茶一般不采用此法。

（2）依树龄树势强弱确定采摘标准，树龄和树势强弱不同，应贯彻采养结合的原则，采摘标准也应有区别。

幼年茶树树冠结构还未健全丰满时，在最初的1～2年里，各个季节都应以养为主，嫩采为辅，保留叶子以充分利用光能，增加有机物质，为后期高产优质打下坚固基础。成年而且生长良好的茶树，树冠已经达到理想的高度，全年各季均以适中采一芽二叶为主。经过改造的老茶树和树势衰弱的，须集中培养一年或一、二季不采茶，或采用轻采，培养树冠。

（3）依新梢生育和气候特点的采摘标准：根据气候特点、新梢生育快慢，结合加工对芽叶等级的要求，运用细嫩（嫩）、适中（中）、成熟（粗）三种不同标准采摘，使量质并举，提高收益。

◇茶叶采摘的方法

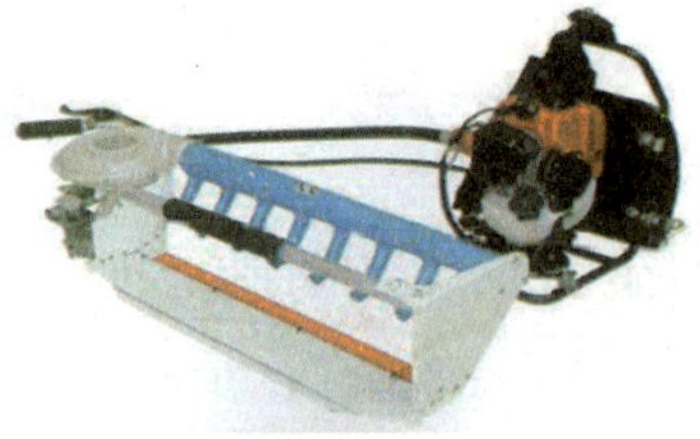

采茶机

茶叶采摘的具体方法主要有手采、工具采和机采三种。各种方法具体特点不同，根据需要灵活掌握。

（1）手采法是我国传统的采摘方法，也是目前生产上应用最普遍的采摘方法。它的特点是采摘精细，批次较多，采期较长，芽叶质量较好，茶树生长旺盛，特别适合高档茶和名茶的采摘。依照茶树采摘程度，手工

茶叶鲜叶

采茶的基本方法可分为打顶采、留真叶采和留鱼叶采。采茶手法因手指的动作、手掌的朝向和手指对新梢着力的不同，主要又分为掐采、提手采、双手采几种。掐采是对细嫩采所用的手法，采量少，效率低，打顶采时可用这种手法。提手采是最普遍的方式，适中标准采摘都采用这种手法。双手采主要是手法熟练的工人使用，两手配合，效率较高。

（2）工具采多用于边茶（黑茶类）的生产，主要是小镰刀割采和大剪刀（篱剪）剪采。绿茶产区主要生产高、中档绿茶，不采用此种方法。

（3）机械采工效较高，一般比手工采提高5～30倍。机采工效与采茶机工作幅度、茶树树冠的形状和机采手的熟练程度有关。生长旺盛、树高幅度适当、树冠面平整、芽叶萌发整齐、新梢粗壮而节间长的，机采质量好，各种机械中，往复切割式采茶机较好，完整芽叶多，可制率高。国家通过鉴定的机型主要有单人手提式、双人台式等。随着茶叶生产专业化程度以及茶园面积和单产水平的不断提高，利用机械采茶逐步代替手工采茶，以提高采茶效率，势在必行。机采的方法大致有两种，即全机采和手、机结合采，可根据茶园树势等实际情况区别采用。

◇茶叶鲜叶的验收

茶叶鲜叶

采下的茶叶在进厂加工前，进行鲜叶分级验收非常必要。因为在实际采收过程中，因品种、气候以及采工采法的不同，所采下芽叶的大小和嫩度是有差别的，如果不进行适当分级、验收，就会影响茶叶品质应有的价值。通过验收、分级，可以依级定价，按级加工，从而提高品质和调动采工采优质茶的积极性。

验收一定要及时，从鲜叶中取一把具有代表性的芽叶观察，根据芽叶的嫩度、匀度、净度、鲜度四个因素，对照分级标准，评定等级、称重、登记。具体要求为：

> **小贴士**
>
> 茶叶妙用：用大蒜一头切片，一汤匙茶叶，加水一大碗，烧开后再煮一两分钟，温时服下，两三次即有助于腹泻痊愈。

嫩度：是鲜叶分级验收的主要依据，主要根据所制茶类对鲜叶的要求，依芽叶的多少、长短、大小、嫩梢上叶片数和开展程度，以及叶质的软硬、叶色的深浅等评定等级。一般绿茶对嫩度的要求，以一芽二叶为主，兼采一芽三叶和细嫩对夹叶。芽叶的顶芽含苞，一叶尚未完全开展，二叶初展，茎梗嫩脆。

匀度：指同批鲜叶的物理性状要求基本一致。凡品种混杂，老嫩大小混杂，雨、露水叶与无表面水鲜叶混杂的都会影响制茶品质，评定时要根据均匀程度适当考虑升降等级。

净度：指鲜叶中夹杂物的含量。凡鲜叶中混杂有茶花、茶果，老叶、老梗、鳞片、鱼叶，以及非茶类的物体，都属于不净。

鲜度：指鲜叶的光润程度。叶色光润是新鲜的象征。凡鲜叶发热红变，有异味、不卫生以及有其他劣变的，应坚决拒收，或根据轻重降低等级。

鲜叶摊放

◇茶叶鲜叶的贮运

茶叶鲜叶贮运是鲜叶管理的重要环节，直接影响茶叶品质和经济效益，生产上应引起足够的重视。茶叶鲜叶贮运所用的放置工具、时间以及装运方法等均能影响芽叶品质。所以鲜叶采收下来后，应采取有效措施保持鲜叶的新鲜度，防止叶温升高、发热变红，避免产生异味和劣变。采下的鲜叶必须及时按级分别盛装，快速运到茶厂制作。

装运鲜叶的器具，应清洁卫生，通气良好。根据长期的经验，装盛器具以竹编网眼篓筐最好，既通气又轻便，一般每篓装鲜叶25～30千克，盛装时切忌挤压过紧，严禁利用不透气的布袋或塑料袋装运鲜叶。防止机械损伤，发热变质。装运鲜叶的器具，每次用后需保持清洁，不能留有叶子，否则容易引起细菌繁殖，鲜叶吸附异味成分而变质。

鲜叶应贮放在低温、高湿、通风、避光的场所，适于贮放的理想温度为15℃以下，相对湿度为90%～95%。春茶摊放鲜叶一般要求不超过25℃，夏秋茶不超过30℃。鲜叶在贮放期间要经常检查叶温，如有发热应立即翻拌散热，翻拌动作要轻，以免鲜叶受伤变红。

鲜叶贮放的厚度，春茶以15～20厘米为宜，夏秋茶以10～15厘米为宜。根据气温高低、鲜叶老嫩、干湿程度灵活调节，气温高要薄摊，气温低时可略厚些；嫩叶摊叶要薄，老叶摊叶略厚；雨天叶摊叶宜薄，晴天叶摊叶略厚。

绿茶

绿茶的加工工艺与品质特征

中国茶类众多，不同的茶有不同的加工工艺并呈现出不同的品质。

绿茶是一种不发酵茶类，由采摘来的鲜叶，利用高温杀青（锅炒或蒸汽），钝化了酶的活性，制止多酚类物质的酶性氧化，保持茶叶原有的“青”绿色泽。

绿茶加工工序：杀青→揉捻→干燥。在一般情况下，绿茶的品质在杀青以后已基本形成，以后的工序只不过在杀青的基础上进行造型、蒸发水分、发展香气。因此，杀青工序是绿茶品质形成的基础。

绿茶类的品质特征是清汤、绿叶，俗称三绿（干茶绿，茶汤绿，叶底绿）。在内质上要求香气高爽，滋味鲜醇。但不同的花色品种，品质上仍有各自特色。

由于杀青和干燥方法不同，绿茶分为：蒸青绿茶、炒青绿茶、烘青绿茶和晒青绿茶四类。

◇第一类，蒸青绿茶

蒸青绿茶

蒸青绿茶是最古老的茶类。唐代出现蒸青散茶后至明代改蒸为炒，目前只有湖北省的“恩施玉露”仍保留这种制法。蒸青制法传至日本以后，目前已实现全程机械化生产。

1.恩施玉露茶的制法

（1）加工工艺流程。

蒸青→扇凉→炒头毛火→手工捻揉→炒二毛火→整形上光烘干→拣选

（2）操作要点。

蒸青，高温快速，100℃，40～50秒。

扇凉，扇去热水蒸气。

炒头毛火，温度140℃，12～15分钟。

手工揉捻，3～5分钟。

炒二毛火，温度100℃～110℃，8～10分钟。

整形上光烘干，温度50℃～80℃，70～80分钟。

拣选，拣去碎片、黄片、粗条、老梗杂物。

玉露茶的品质特点是：外形条索紧圆光滑，纤细挺直如针，色泽苍翠绿润。

2.机制蒸青绿茶的制作

（1）加工工艺流程。

鲜叶→蒸汽杀青→粗揉→揉捻→中揉→精揉→烘干→成品。

（2）操作要点。

蒸汽杀青，温度100℃，30～40秒。

粗揉，45分钟。通入90℃热气，提高捻室温度，保持叶温40℃。

揉捻，5～8分钟，转速21 / 分钟。

中揉，上层温度90℃，下层温度80℃，20～25分钟，转速22～28 / 分钟。

精揉，叶温40℃，30～33分钟。

烘干，温度65℃～80℃，15～20分钟。

成品含水量3%～4%。

蒸青绿茶的品质特征特点是：干茶呈条形，色泽绿，茶汤浅绿明亮，叶底青绿，香气鲜爽，滋味干醇。日本人称这种蒸青绿茶为具有真色、真香、真味的天然风味茶。

◇第二类，炒青绿茶

炒青绿茶在我国是产量最多、分布最广的一种茶。起始于明代（蒸变炒）。

1.种类

炒青绿茶因成品的外形不同又分为以下几种。

炒青绿茶

长炒青绿茶：江西婺源的“婺绿炒青”，安徽屯溪、休宁的“屯绿炒青”，浙江淳安、遂昌的“遂绿炒青”，浙江温州的“温绿炒青”等均为长炒青绿茶。精制加工后的产品统称为“眉茶”，主要用于外销。

圆炒青绿茶：圆炒青绿茶即珠茶，是浙江特产。特点是外形浑圆紧结，香高味浓耐冲泡。主销西北非国家。

扁炒青绿茶：扁炒青绿茶即龙井茶、大方等，产于浙江、安徽等省。

卷曲炒青绿茶：卷曲炒青绿茶如碧螺春等，产于江苏省。

2.制作

炒青类绿茶有长条形、圆形、扁形、卷曲形等不同形状，这些都是在杀青以后用各种不同加工手法制成。但其基本加工工艺可归纳为以下几步。

（1）加工工艺流程。

杀青→揉捻（或不揉捻，只在锅中进行造型）→炒干。

（2）操作要点。

杀青，手工杀青锅温150℃～200℃，时间5～6分钟；机器杀青260℃～300℃，时间9～12分钟。

茶叶妙用：茶有强烈的收敛作用，时常将茶叶含在嘴里，便可消除口臭。常用浓茶漱口，也有同样功效。如果不喜饮茶，可将茶叶泡过之后，再含在嘴里，可减少苦涩的滋味，也有一定的效果。

揉捻，手揉约10分钟，机揉30～40分钟。依据老嫩不同，时间可调整。

炒干，分二青、三青、挥干3～4次进行。锅温110℃～80℃，时间90～120分钟。

高温杀青是制好炒青绿茶的关键工序。如果杀青温度不高或不匀，往往产生红梗红叶；若杀青温度不高，时间不够还会产生生青；干燥温度过高，也会使茶叶产生爆点或烟焦，影响茶叶品质。

炒青类茶叶是在炒锅中完成，因此其品质特点是：外形上，色泽绿润，呈条、圆、扁或卷曲，要求紧结匀整；内质上，栗香、清香型居多，要求香气持久；滋味鲜醇爽口；汤色嫩绿明亮；叶底黄绿明亮。

◇第三类，烘青绿茶

烘青绿茶简称烘青。通常直接饮用者不多，常用作窨制花茶的茶坯。另外，也有一些采摘细嫩芽叶制成毛峰茶，如黄山毛峰、华顶云雾、永川秀芽等，都属此类。

烘青绿茶

（1）加工工艺流程。

杀青→揉捻造型→烘干：

（2）品质特点。

一般是条索细紧，显峰毫；色泽深绿油润，细嫩者茸毛特多；香气呈嫩香或清香，滋味鲜醇；汤色清澈明亮；叶底匀整、嫩绿明亮。

◇第四类，晒青绿茶

晒青绿茶主产于云南、四川、湖北、广西、陕西等省、自治区。除

晒青绿茶

部分作散形茶饮用外，大部分晒青茶原料粗老，多用于制压制茶。如“青砖”、“康砖”、“沱茶”等。晒青绿茶中，质量以云南大叶种所制的滇青为最好。现以滇青茶为例介绍其制法。

（1）加工工艺流程。

杀青→揉捻（特别粗老者不揉捻晒干）→晒干。

（2）操作要点。

杀青，锅温200℃，锅直径约80厘米，投叶量2～2.5千克。

揉捻，50型揉茶机，投时量25千克，时间20～30分钟。

晒干，摊在篾垫或水泥晒场上，中间翻叶2～3次，晒至足干，含水率10%左右。

滇青茶品质特点：外形条索粗壮肥硕，白毫显露，色泽深绿油润，香味浓醇，富有收敛性，耐冲泡，汤色黄绿明亮，叶底肥厚。

红茶的加工工艺与品质特征

红茶是全发酵茶类。红茶的鲜叶原料与绿茶基本相同，只是不经高温杀青，而是采用萎凋、揉捻，然后经过发酵，使叶子变红以后烘干而制成。

其加工工艺流程是：萎凋→揉捻（或揉切）→发酵→干燥。

红茶的品质特征：红汤红叶。

红茶可分为：小种红茶、功夫红茶和红碎茶三个大类。

◇第一类，小种红茶

小种红茶

小种红茶是福建省特有的一种条形红茶，制法特殊，在烘干时采用松柴明火烘干，因此成茶有松烟香味。著名的小种红茶有正山小种：产于福建省崇安县桐木关、星村；外山小种：产于武夷山以外，福建省坦洋、政和、屏南、古田等地；烟小种：以功夫红茶的粗老茶经烟熏加工而成。

正山小种红茶的品质特点是：外形叶色乌黑，条索粗壮；内质香气高，微带松烟香，汤色红浓，滋味浓而爽口，活泼甘醇，似桂圆汤味。“松烟香，桂圆汤”是小种红茶的典型品质特征。

（1）加工工艺流程。

萎凋→揉捻→发酵→过红锅→复揉→烟焙。

（2）操作要点。

萎凋，日光晒20～40分钟，每隔10～15分钟翻拌1次；室内加温萎凋，保持室温28℃～30℃，鲜叶置于焙青间水筛或竹篾垫上，厚3～5厘米，每隔10～20分钟翻拌1次，直至萎凋叶软、便于揉捻时为止。

揉捻，揉出茶汁、叶卷成条为止。

发酵，在木桶内，稍加压紧，盖湿布，放在近火地方，叶温增高，促进发酵，4～5小时呈红褐色，失去青臭气味，有茶香为止。

过红锅，锅温200℃，需2～3分钟，钝化酶活性，叶子受热变软即可出锅。

复揉出锅后热揉，使茶条卷紧，揉出更多茶汁。需时8～10分钟。

烟焙置于水筛上，厚5～8厘米，用松柴明火烟熏1～2小时，然后经摊晾后，在焙笼中用炭火焙至足干。

◇第二类，功夫红茶

功夫红茶

功夫红茶是细紧条形红茶，产于我国10余个省、自治区，是中国传统出口茶类，远销东欧、西欧等60多个国家和地区。著名的功夫红茶有安徽的祁红、云南的滇红、广东的英红、福建的闽红、江西的宁红、湖北的宜红等。

功夫红茶原料细嫩，制工精细，外形条索紧直、匀齐，色泽乌润，香气馥郁，滋味醇和而甘浓，汤色叶底红艳而明亮，具有形质兼优的品质特征。

（1）加工工艺流程。

鲜叶→萎凋→揉捻成条→发酵→烘干。

（2）操作要点。

萎凋，日光萎凋、室内自然萎凋或加温萎凋。每平方米摊叶1～1.5千克。日光萎凋时间较短，自然萎凋6～12小时。手握叶略有粘手感、成团不散、折茎脉不断、由鲜绿色变深绿色、青草气减少、有茶香味，即可投入揉捻。

揉捻成条，便于发酵，增浓茶汤，时间40～70分钟。

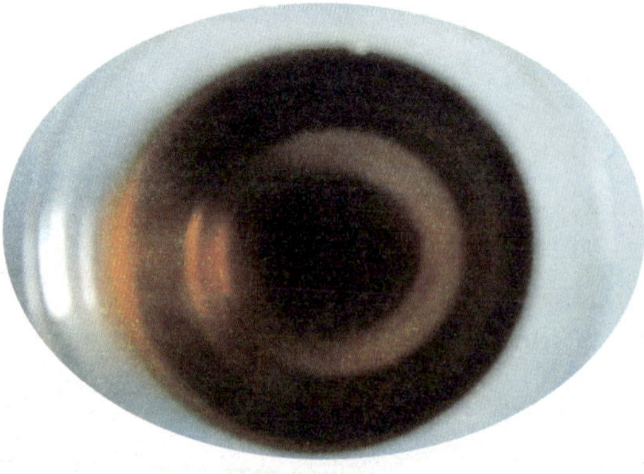

红碎茶汤色

发酵，由绿色变红色。叶温保持30℃左右，叶呈铜红色、具浓厚香气为发酵适度。

烘干，毛火、足火，分2次烘干。第一次120℃～110℃，第二次90℃～80℃。

在红条茶加工过程中，发酵是红茶加工的关键。时间不够，发酵不足，香气不纯，带青气，冲泡后汤色欠红，味青涩，叶底花青；发酵过度，会使茶汤发暗，香气低闷，叶色深暗多乌条，滋味平淡，易产生酸馊味；发酵不匀常易产生乌条或青张。

◇第三类，红碎茶

红碎茶是加工时经切碎而制成颗粒形的红茶。印度、斯里兰卡主产这种茶叶，我国是20世纪60年代以后才大量生产的。红碎茶冲泡时茶汁浸出快，浸出量大，适宜于一次性冲泡后加糖、加奶饮用，是国际上“袋泡茶”的主要原料。

其加工工艺流程是：鲜叶萎凋→揉切→发酵→烘干（转子机或CTC机切成小颗粒）。

红碎茶以外形形状可分为叶茶、碎茶、片茶和末茶四大花色。叶茶呈条状显毫，碎茶呈颗粒状，片茶呈皱折状，末茶呈砂粒状。红碎茶的品质要求是叶色乌润（红而不枯），汤色红亮，滋味浓、强、鲜。

我国的红碎茶因产区、茶树品种、初制工艺上的区别，品质风格也有明显差异。大叶种产区的红碎茶，一般干茶成品壮实，紧结匀齐显毫，汤色红艳，香气鲜浓（鲜爽），叶底红亮，滋味浓强，富刺激性；中小叶种茶区的红碎茶，干茶成品香气清高，滋味尚浓爽，但浓强度较差。

乌龙茶加工工艺与品质特征

乌龙茶

乌龙茶属半发酵茶类，是介于不发酵（绿茶）或全发酵（红茶）之间的一类茶叶，因其外形色泽青褐，因此也称“青茶”。乌龙茶冲泡后叶片上有红有绿。典型的乌龙茶叶片中间

小贴士

茶叶妙用：晚上洗脸后，用棉球蘸茶水涂抹脸部，长期使用可以帮助消除脸上的黑斑。清晨用茶水擦抹眼部，可以帮助消除黑眼圈。

呈绿色，叶缘呈红色，素有“绿叶红镶边”之美称。这是由于乌龙茶加工过程中摇青做青工序使叶缘碰撞破损红变所致。

乌龙茶成品外形紧结重实。干茶色泽青褐，香气馥郁，有天然花香；汤色金黄或橙黄，清澈明亮，滋味醇厚，鲜爽回甘。高级乌龙茶具有特殊的韵味，如武夷岩茶具有“岩韵”，铁观音具有“观音韵”，台湾冻顶乌龙具有“风韵”等品质风格。

乌龙茶产于福建、广东和台湾三省。在福建崇安县武夷山称闽北乌龙，多数是一种条形乌龙茶；产于福建安溪一带的，称闽南乌龙，多数呈半球形；产于广东潮州一带的，称潮州乌龙，呈条形，又称单枞乌龙等。台湾生产的乌龙茶，有半球形的，如冻顶乌龙；也有呈条形的，如文山包种茶。

乌龙茶是一个特殊的茶类，它的采摘标准是采对夹2～3叶与1芽3～4叶。当树冠面上约有20％新梢形成小开面或中开面时（即对夹）即开采，枝梢相对比较成熟，称开面梢。

乌龙茶基本的加工工艺是：鲜叶→晒青（或加温萎凋）→做青（摇青←→凉青）→杀青→揉捻→烘焙。做青是乌龙茶的加工最关键的工艺。过去的做青过程是在水筛上进行，用手转动筛子和两手拢叶，使叶缘破碎而红变。现在改用摇青机，转动摇青机使叶缘破损。摇青后静置一段时间称凉青。整个做青过程需不断重复。乌龙茶的品质特征主要是在晒青、摇青的过程中形成的。晒青一般是青叶薄摊于水筛或竹篾垫上，于阳光下接受照射。通过日照处理较快地蒸发水分，促进青叶理化变化。摇青是把晒青后凉青好的叶子置于摇青机内，使茶青在跳动、旋转的运动中，叶组织结构受到机械损伤，而促使内含物质的酶促氧化，从而形成乌龙茶特有的品质。做青过程中摇青和凉青是交替进行的。

◇不同产地的乌龙茶不同加工工艺

乌龙茶因产地不同，加工工艺可分为三种类型。

1.闽北与广东乌龙茶加工工艺

这两地的乌龙茶加工工艺基本相似，重晒青（或室内加温萎凋），重摇青，即发酵程度相对较重；没有包揉造型工艺。

闽南乌龙茶

2.传统的闽南乌龙茶加工工艺

晒青（加温萎凋）、摇青较轻，即发酵程度比闽北乌龙茶轻；有包揉造型工艺，即杀青→揉捻（热揉）→包揉→复包揉，包揉反复进行数次。

3.台湾和闽南仿台式（轻发酵）乌龙茶

轻晒青（加温萎凋），轻摇青，即发酵程度轻，保持“绿叶绿汤”的品质特征；有包揉造型工艺，即杀青→揉捻（冷揉）→包揉→复包揉，包揉反复进行十数次。

乌龙茶香气常有浓郁、芬芳，带自然花香，滋味醇厚甘爽，这种品质特征主要是在日晒、做青过程形成，通过晒青、摇青与凉青的综合作用，使鲜叶内酶类催化基质、叶内化学物质发生生化转化的结果。

白茶的加工工艺与品质特征

白茶属于微发酵茶，是我国的特产，其他产茶国家都不产白茶。最

白茶

早是福建省的福鼎于1885年生产银针，而生产白牡丹是福建省建阳的水吉，至今白茶只在福建的福鼎、福安、政和、松溪、建阳等部分地区生产。

白茶大部分是外销。银针过去销往俄罗斯、德国、法国和爱尔兰等国；白牡丹销往我国香港地区和东南亚国家。

白茶有芽茶和叶茶之分，共有三个花色品种。单芽制成称“银针”，叶片制成称“寿眉”或“贡眉”，芽叶不分离的称“白牡丹”。

白茶的加工，由萎凋、烘焙两道工序完成。它是一种在制作时不炒也不揉的茶叶。虽然白茶工艺简单，但鲜叶在加工过程发生了深刻的物理和化学变化。白茶通过长时间的自然萎凋，在适宜的温、湿、气、热等环境因素的作用下，促进鲜叶形态发生物理变化，内含物质发生了酶促水解及氧化降解、转化等一系列生化变化，形成白茶特有的外形与内质品质特征。

◇白毫银针的加工工艺

白毫银针

银针原料为大白茶树的嫩芽。采摘标准为1芽1叶，一般在清明前后采摘。鲜叶入厂后摊开，并进行择芽，叫“抽针”，从芽叶中选取肥壮的单芽制银针，余下的小芽或叶制寿眉。福鼎和政和两地制法不同。福鼎银针，亦称“北路银针”，特点是茶芽肥大，茸毛厚，水色晶莹。其制法简单，是将鲜叶置于强烈日光下晒至七成干，然后再文火烘至足干为止。政和所产银针亦称

"西路银针"，其特点是茶芽瘦长，茸毛略厚，外形较福鼎差，但香气芬芳，滋味较好。其制法将芽叶薄摊于筛子内，每筛250克，开始放在通风的地方或阳光下晒至七八成干，然后再放在强烈的太阳光下晒至足干。

◇白牡丹和寿眉的加工工艺

白牡丹的鲜叶原料为水仙品种。采摘标准为1芽2～3叶，要以瘦长嫩芽为原料。寿眉是以采过银针留下的单片或短小芽叶制成，制法与银针基本相同，仅仅是原料不同而已。但要注意一点，就是不能在强烈日光下晒，因为水分蒸发过快情况下，叶尖、叶边会产生焦黑的缺陷。因此，一般使用晾干的方法（全阴干或半阴干半烘干法）。

白牡丹茶

白牡丹的制造过程不经高温杀青和发酵阶段，而只是一次干燥。同时，由于制造过程中程序简单，不经揉捻，又不经高温干燥阶段，因此就形成白牡丹的叶色灰绿带黄，稍呈银白光泽，夹以银白毫心，形如牡丹花的花朵，故称"白牡丹"，水色澄黄清澈，清香微甜。

在操作时，动作要轻，防止碰伤芽叶引起红变。阴雨天要注意采取加温降低湿度和通风等措施，避免霉变。

白茶多用细嫩的大白茶芽叶为原料，成茶外表为白毫所披覆，呈银白色茶，故称"白茶"。在初制技术上不炒不揉，只晾晒或结合烘干，以保持茶叶之原形。

白茶的品质特征以白牡丹为代表，外形芽叶连枝，叶态自然，叶

小贴士

清明节是农历二十四节气之一，在仲春与暮春之交，也就是冬至后的106天。清明一到，气温升高，正是春耕春种的大好时节，故有“清明前后，种瓜种豆”之说。清明节也是一个祭祀祖先的节日，传统活动为扫墓。

背垂卷。两叶合抱心，绿叶夹银芽，形似花朵，故称白牡丹。由于白牡丹的芽呈银白色而芽毫显露，叶面是墨绿色，叶背满披白毫，故以“青天白地”来形容；白牡丹的外形要求芽叶完整、肥壮，叶面波纹隆起，切忌断碎；内质香气清鲜，毫香显，滋味鲜醇；汤色杏黄，清澈明亮；叶底嫩绿或淡绿，叶脉微红。

以大白茶品种与水仙品种分别制成的白牡丹称大白或水仙白。两种产品特征有所差别。“大白”芽叶肥壮，叶色黛绿，香味清鲜甘醇；“水仙白”叶张肥厚，毫心长，叶色墨绿，香味清芬甜醇。

黄大茶产地——安徽霍山风光

寿眉茶外形比白牡丹瘦小，白毫少，叶灰绿带黄色。寿眉不带毫芽，叶灰绿带黄色，香味较低，味较淡，汤色浅，叶底较粗硬。

黄茶的加工工艺与品质特征

黄茶有黄大茶、黄小茶及黄汤等花色品种。黄大茶产于安徽霍山、岳西、金寨、六安及湖北英山等地，其中以霍山为主要产地，品质最佳。由于鲜叶原料老嫩程度不同，以1芽1叶至1芽2叶初展制的黄茶叫“黄小茶”，1芽4～5叶制的称“黄大茶”。多白毫的细嫩芽叶制成的叫“黄茶”或“黄汤”，主要产于浙江平阳、瑞安、永嘉、泰顺、东阳等地。黄大茶主销山东、苏北。黄汤主销华北、辽宁的营口，天津、北京次之。

◇黄大茶、黄小茶的加工

黄大茶，采摘叶大梗长的1芽4～5叶或5～6叶的新梢为原料。春茶一般在立夏前后3～5天开采，夏茶在芒种后3～4天开采，秋茶在小暑前5～6天开采。黄小茶，春茶一般清明前后采1芽1叶的原料制成。采回鲜叶应合理摊晾，保持新鲜，最好当天采当天制，防止萎凋红变影响品质。

黄大茶

1.杀青

手工杀青锅温在200℃以上，投叶量250～300克。用竹丝帚在锅中旋转炒拌，速度要快，用力均匀。一般5～6分钟即可出锅。机械操作，锅温280℃～300℃，每锅投叶量1.75～2千克。先闷炒5分钟，杀透杀匀，然后再透炒4～5分钟，除去青臭气和水分，发挥香气，当叶质柔软卷缩、色暗、梗折不断便可出锅。

2.揉捻

趁热揉捻，否则不易成条。待卷曲成条即可。

3.初干

揉后就马上采用高温快速烘焙。手工采用大型竹烘笼，火温120℃左右，投叶量2～2.5千克，每隔2～3分钟翻1次，烘至七八成干，有刺手感觉，即可下烘堆积。过干黄变程度差，过湿堆积易霉烂。干燥时间30～

40分钟。

4.堆积（闷黄）

堆积闷黄是黄茶发黄的主要原因。方法是初干茶趁热装入篓、篮内，稍加紧压，放在气温高燥的室内进行（一般放在烘房内），堆高100～120厘米。时间的长短以初干程序和原料老嫩及变黄程度而定，一般在3～5天以内，叶色变黄、香气显露即为适度。在堆积过程中经常检查，防止水分含量过高、时间过长而引起劣变。

5.再干燥

分拉小火和拉老火两个阶段。拉小火主要是进一步使叶变黄和除去多余的水分，采用70℃低温烘至九成干，下烘摊晾3～5小时；再提老火，目的是形成高香（带焦香）和进一步除去水分，采用高温明火，火温100℃左右，勤翻（半分钟翻1次），翻动时动作宜轻，防止断碎，烘至十足干、梗折即断并呈金黄色、茶叶发出强烈焦香味为止。

平阳黄汤

初干后趁热闷黄是黄大茶、黄小茶变黄关键措施，利用初干余热和厚堆紧压，所产生的热量引起内含物的一系列变化而成黄色。因此，堆积必须控制在七八成干为度。若水分过多会引起霉变，水分过少不易变黄。另外是控制堆积时间和程度，防止时间太长引起劣变、时间太短则程度变化不足的弊病。多次烘焙后需长时间摊晾，初干后以堆积代替摊晾，而拉小火后最好摊晾3～5小时，才能进行下一步烘焙。黄小茶摊晾时间可适当短些，而黄大茶枝梗粗长，摊晾时间短了，水分不能很快分布到叶面，会造成叶焦梗湿的毛病。拉老火用高温明火是形成焦香味特征的关键。

◇平阳黄汤的加工

加工过程是鲜叶→杀青→揉捻→闷堆→干燥。

1.鲜叶

鲜叶采摘要求细嫩，1芽1～2叶为标准。在清明前后10天之内，采回鲜叶，适当摊晾防止红变，当天采当天加工。

2.杀青

每锅投叶量500～750克，当温度上升到150℃～180℃时投叶，能听到“噼噼啪啪”声。手势以抛为主，动作开始稍慢，少透多闷，使叶温升到适温后动作加快，要求翻得快、扬得高、撒得开，以散发水分，发挥香气。防止爆点与焦边，达到暗绿色时起锅，时间5～7分钟。

3.揉捻

趁热揉，叶子卷曲紧细、成条即可。

4.闷堆

揉好的叶子，闷堆在竹篓中拍紧夯实，上盖白布，使叶子起微发酵作用，促进变黄和香气的形成。闷堆以24℃温度闷36小时左右为宜，中间翻动1～2次，至叶色呈现黄绿色时为止。

5.干燥

第一次干燥（毛火）方法是在热锅中进行，锅温100℃～120℃，多闷少抖，促使叶子继续变黄，炒至七八成干时出锅。摊晾0.5～1小时，叶内水分重新分布，便于足火达到足干。足火火温70℃～80℃。翻拌要轻，烘至梗易断时达足干下烘。筛去末子，拣出老叶，再经复火干燥即可装箱运销。

闷堆是黄茶形成黄色黄汤的主要原因。要取得理想的汤色，必须掌握好闷堆的时间不能过长，防止劣变；但时间又不能太短，以免出现汤色不足的毛病。此外是毛火过程，采用多闷少抖也是形成黄汤的主要措施之一。

黄汤、黄叶是黄茶基本特点。黄大茶是叶大梗长，成茶有自然金黄色，具有焦糖香气，色黄绿，叶尖呈黑绿色，开汤后叶底黄红色。黄汤，汤色黄而鲜亮，品质细嫩，叶底嫩黄。

黑茶的加工工艺与品质特征

黑茶是我国主要茶类之一，因茶叶颜色呈黑色，故称为“黑茶”。

黑茶

黑茶产制历史悠久。四川在11世纪时就用绿毛茶做色制成黑茶销往西北地区。湖南安化黑毛茶起始年代不明，但在安化县第五区苞藏园一家姓张的茶园里，现在还竖立着雍正八年（1730年）的黑茶禁碑。

现在黑茶产地有湖南省的安化、新化、桃源、常德、汉寿、益阳、武陵山、宁乡、湖北省的咸宁、蒲圻、通山、通城、四川省的灌县、彭县、崇庆、汶川、安县、绵阳、北川、云南省的凤庆、勐库、景东、景春、昌宁、临沧和下关等地。

◇加工工艺

黑茶的加工工艺分初制和压制两个部分。这里介绍湖南黑毛茶和云南普洱茶两种黑茶的初加工工艺。

1.湖南黑毛茶初加工

黑毛茶

湖南黑毛茶原产安化，现在已扩大到益阳、桃江、宁乡、汉寿、临湘等地。

黑毛茶原料以新梢青梗为对象，一般要长到1芽4～5叶或对夹叶时才开采。黑茶采摘标准较粗老，故常用半月形的采茶刀套在手指上割采。

（1）黑毛茶初加工工序。

杀青→揉捻→渥堆→复揉→干燥。

（2）操作要点。

杀青，目的与一般紧杀青相同。但由于原料粗老、含水率低、叶质硬，不易杀透杀匀，所以在杀青前对鲜叶原料进行洒水处理。洒水量为叶重的10%左右，根据老嫩灵活掌握。杀青程度以叶色由青绿变为暗绿、青气基本消失、发出特殊青香、梗折不断、叶片柔软稍有黏性为度。

揉捻，主要是破坏叶细胞，使茶汁附于叶表，并使叶片初步成条。杀青叶出锅趁热揉捻，有利于卷曲成条，塑造良好的外

小贴士

茶叶妙用：茶叶里含有多量单宁酸，具有强烈的杀菌作用，尤其对导致脚气的丝状菌特别有效。患脚气的人，如果每晚将茶叶煮成浓汁来洗脚，久而久之便有可能不治而愈。不过，煮茶洗脚，要持之以恒，短时间内不会有显著的效果，而且最好用绿茶，经过发酵的红茶，单宁酸的含量就少得多了。

茶壶

形。采用55型揉茶机，与一般红、绿茶相同。待嫩叶卷成条、老叶大部已折皱而小部分呈“泥鳅”状、茶汁流出、叶色黄绿色、不含扁片叶、碎片茶和脱皮梗茶少、细胞破碎率在15%～30%为度。

渥堆，渥堆是黑茶加工特有工序，也是形成黑茶关键工序。通过渥堆使叶内的内含物发生一系列复杂的化学变化，形成黑茶特有的色、香、味。渥堆要求场地清洁、无异味、无日光直射，室温保持在25℃以上，空气相对湿度85%左右。将揉好的茶叶（经解块）堆在竹篾垫上，厚15～25厘米。上盖湿布，并加覆盖物，以保温保湿，促进化学变化。并根据温度变化，中间翻动1～2次。三四级叶揉捻后不解块，立即堆积起来，堆成高100厘米、宽70厘米的长方形堆，并加覆盖物。一般不翻动，但堆温超过45℃时要翻堆1次，以免烧坏茶坯。如初揉叶含水量低于60%，可渍少量清水或温水，每50千克茶坯喷水6升左右，并要求喷细、喷匀，以利于渥堆。渥堆时，为使保温保湿，茶堆适当筑紧，但也不能过紧，以防堆内缺氧影响质量。渥堆时间在正常情况下，春季12～18小时、夏秋季8～12小时便可完成。

渥堆程度，以掌握茶堆表面出现热气而凝结有水珠、叶色由暗绿色变为黄褐色、青气消除、发出酒糟气味、附在叶表面的茶汁被叶肉吸收、黏性减少、结块茶团 ·打即散为适度。渥堆不足的茶坯，叶色黄绿，有青气味，黏性大，茶团不易解散；渥堆过度的茶坯，摸之有腻滑感，有酸馊气味，用手搓揉时叶肉叶脉分离，形成丝瓜瓤状，叶色

云南普洱茶

乌暗，汤色浑浊，香味淡薄。因此，渥堆过度的茶叶不宜复揉，应单独处理，不与正常茶叶混合。

复揉，目的是使渥堆时回松了的叶子进一步成条，并在初揉基础上，进一步破坏叶细胞，以提高茶条紧结度和香味的浓度。方法是将渥堆适度的茶坯解块后再上机复揉，揉法与初揉相同。一二级叶揉至条索紧卷，三四级叶揉至“泥鳅”状条增多，四级叶揉至叶片折皱为适度。

干燥，在特砌的“七星灶”上用松柴明火烘焙。因此，黑毛茶带有特有的松烟香味，俗称“松茶”。

当焙笼的温度达70℃以上时即可在笼子上撒茶叶坯，厚度2～3厘米。茶坯六七成干时，再撒第二层。这样一层一层地加到5～7层，总厚度为18～20厘米，当最后一层茶坯烘到七八成干，即退火翻焙。焙至茎梗折而易断、叶子手捏成末、嗅有悦鼻松烟香味。在含水量8%～10%时，即为干燥适度。全程烘焙时间3～4小时。

值得注意的是，撒叶时要撒匀、撒满，不留空隙。焙茶时在焙头撒叶要厚些，焙中稍薄，焙尾最薄，使干燥程度接近一致。

2.云南普洱茶初加工

普洱砖茶

普洱茶是在云南大叶茶基础上培育出的一个新茶种。普洱茶亦称滇青茶，原运销集散地在普洱县，故此而得名，距今已有1700多年的历史。它是用攸乐、萍登、倚帮等11个县的茶叶，在普洱县加工成而得名。

在古代，普洱茶是作为药用的。其品质特点是：香气高锐持久，带有云南大叶茶种特性的独特香型，滋味浓强富于刺激性；耐泡，经五六次冲泡仍持有香味，汤橙黄浓厚，芽壮叶厚，叶色黄绿间有红斑红茎叶，条形粗壮结实，白毫密布。

劣质茶叶

（1）加工工艺流程。

普洱茶的制造工艺是先经杀青→揉捻→晒干制成晒青毛茶滇青，而后经洒水渥堆→干燥→筛分制成的普洱茶。

（2）操作要点。

杀青，大都采用锅式杀青。因大叶种含水量较高，杀青时必须闷抖结合，使茶叶失水均匀，达到杀匀、杀透的目的。

揉捻，要根据原料老嫩灵活掌握。嫩叶轻揉，揉时短；老叶重揉，揉时长。揉至基本成条为适度。

晒干，利用日光薄摊晒干，晒至茶叶含水量达10%左右为度。没有阳光时也可烘干，烘干的茶叶，品质优于晒干。

渥堆，渥堆是普洱茶色、香、味形成的关键工序。先将茶叶匀堆，再泼水使茶叶吸水变潮，然后把茶叶堆成一定厚度，让其自然发酵。经过若干天堆积发酵以后，茶叶色泽变褐，有特殊陈香味，滋味变得浓而醇和。

干燥，渥堆达到适度以后，扒堆晾茶，散发水分，自然风干。

筛分，干燥以后的茶叶，先解散团块，茶叶松散成条后，进行筛分分档，便制成普洱散茶。普洱散茶经包装后供应市场。普洱茶经蒸压可加工成普洱沱茶、普洱砖茶、七子饼茶、小饼茶等紧压茶。

◇黑茶品质特点

黑茶是一种后发酵茶类。一般原料较粗老，分为散茶和蒸压茶两类。散茶有天尖、贡尖、生尖和普洱散茶等，蒸压茶有花卷、茯砖、黑砖、青砖、沱茶、七子饼茶等。黑茶的品质特点是：色泽乌黑油润，滋味醇厚，香气持久，汤色黄褐或橙黄，条索粗卷欠紧结。

茶叶选购

购买茶叶时，应具备一定的茶叶知识，否则识辨不准，吃亏上当只能怪自己了。选购茶叶时具备一些茶叶知识，对买什么样的品种、买哪一季节的产茶、哪一茶区的产品、由谁制造的、是人工采还是机械采的茶叶都要做到心中有底，再到信誉良好的茶行购买。购买时说明清楚，才会买到适合你的茶叶。

> 小贴士
>
> 茶叶妙用：将泡过的茶叶晒干后做成鞋垫，可清除湿汗臭味，从而减轻一些人脚臭的烦恼。

到厂牌、商标都童叟无欺的具有信誉的茶叶专卖店买茶最好，因为一般茶叶专卖店的茶叶种类都比较齐全，售货较多，产品也较新鲜，还可以当场试饮后再行采购，店员也有足够的专业知识服务顾客。到超级市场购买茶叶也可以，但要选择信誉较佳的产品厂家，最好茶叶包装上对茶况有详细的说明，并且明确标示出生产日期。

◇ “四觉”识茶

识别茶叶，传统而有效的方法是依靠我们的“四觉”，即视觉、嗅觉、触觉、味觉，通过看外形、闻香气、摸“身份”、品茶汤四步来识别茶叶的优劣。

太平猴魁

看外形主要看茶叶外形是否均匀一致，色泽油润以及含碎茶和枝梗等杂质的多少。一般绿茶以绿润显毫为好，色黄甚至死红、枯暗的

信阳毛尖

为差，茶汤明亮为好。一些名茶具有独特的外形特征，如西湖龙井茶一般为光平扁直，糙米黄色，不显毫；银针、虾针、珠茶、菊花茶各具“针、虾、珠、菊花”之形；黄山毛峰多毫显峰；信阳毛尖外形细直、圆滑多毫；碧螺春条索纤细，卷曲成螺。

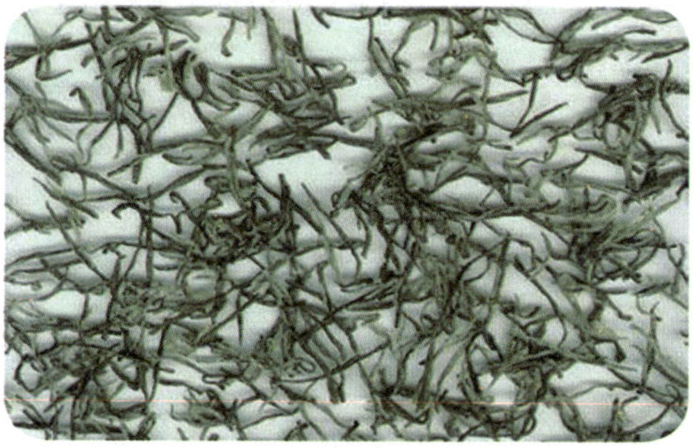
安化松针

闻茶叶的香气也可判定茶叶的品质。闻茶叶的香气有干闻、湿闻两种。干闻时，好的茶叶均应无青草气、异杂气味。开泡后湿闻茶汤时，好茶香气鲜灵、浓厚、无异味。闻花茶茶汤香气时，首次热闻要快，抓住刹那间嗅其特征——鲜灵度；第二次闻要细，闻其纯度；第三次冷闻要使劲，闻其香气是否持久、浓厚。

摸茶叶的“身份”主要是估量其条索或颗粒的松紧、轻重、粗细。相对重实者好，粗老轻飘者差。

在品滋味的同时还要观察叶底。茶汤一般以浓醇鲜爽、回味带甜为上品，淡薄粗涩为下品。观其叶底，完整、柔软、厚实、鲜嫩显芽为好，叶底单薄、粗硬、色泽暗为差。乌龙茶的叶底一般是七分绿、三分红边。

云南沱茶

◇产地识茶

购买茶叶时，了解各种茶的产地以及各产茶省主要的产茶品种是十分必要的。如安徽省的主要红茶产品有祁门的祁红。绿茶有休宁、歙县的屯绿，黄山的黄山毛峰，六安的瓜片、齐山名片，太平的太平猴魁，休宁的休宁松萝，歙县的老竹大方、绿牡丹，宣城的敬亭绿雪。黄茶有皖西黄大茶等。

浙江的主要绿茶产品有杭州的西湖龙井、莲芯、雀舌，天台的华顶云雾，嵊县的前岗辉白、平水珠茶，兰溪的毛峰，建德的苞茶，长兴的顾渚紫笋，景宁的金奖惠明茶，乐清的雁荡毛峰等。黄茶有温州黄汤。红茶有杭州的九曲红梅。

江西的绿茶有庐山的庐山云雾，遂川的狗牯脑茶，婺源的茗眉。红茶有修水的宁红。

四川产的绿茶有名山的蒙顶茶等。红茶有宜宾的早白尖功夫红茶，南川的大叶红碎茶。紧压茶有重庆沱茶。

江苏的绿茶有宜兴的阳羡雪芽，无锡的二泉银毫，苏州的碧螺春等。

湖北省的绿茶有思施的玉露，宜昌的邓村绿茶，随州的车云山毛尖，竹溪的毛峰等。

湖南的绿茶有长沙的高桥银峰，岳阳的洞庭春、君山毛尖，安化的安化松针等。

安徽黄山茶园

福建的乌龙茶有崇安武夷山的武夷岩茶，包括武夷水仙、大红袍、肉桂等，安溪的铁观音、黄金桂、色种等，崇安、建瓯的龙须茶，永春的佛手，诏安的八仙茶等。绿茶有南安的石亭绿等。白茶有政和、福鼎的白毫银针、白牡丹，福安的雪芽等。花茶有福州的茉莉花茶等。红茶有福鼎的白琳功夫，福安的坦洋功夫，崇安的正山小种等。

云南产的红茶有风庆、勐海的滇红功夫红茶、云南红碎茶。黑茶有西双版纳、思茅的普洱茶。紧压茶有下关的云南沱茶。绿茶有勐海的南

洞庭碧螺春

糯白毫，大理的苍山雪绿等。

广东的乌龙茶有潮州的凤凰单枞、凤凰乌龙、凤凰水仙，还有岭头单枞、石古坪乌龙、大叶奇兰等。红茶有英德红茶、荔枝红茶、玫瑰红茶等。绿茶有高鹤的古劳茶、信宜的合箩茶等。

海南产的茶有南海、通什、岭头等的海南红茶。

广西壮族自治区的绿茶有桂平的西山茶等。花茶有桂北的桂花茶。红茶有广西红碎茶。

河南的绿茶有信阳的信阳毛尖等。

台湾的乌龙茶有南投的冻顶乌龙，台北、花莲的包种茶等。

君山银针

◇辨识真伪

中国有如此众多的名茶，伪劣产品自然不少，因此也要学会识别真正的名茶，如西湖龙井茶。龙井，本是一个地名，也是一个泉名，而现在主要是茶名。龙井茶产于浙江杭州的龙井村，历史上曾分为“狮、龙、云、虎”四个品类，其中多认为以产于狮峰的老井的品质为最佳。龙井属炒青绿茶，向以色绿、香郁、味醇、形美四绝著称于世，茶叶为扁形，叶细嫩，条形整齐，宽度一致，为绿黄色，手感光滑，一芽一叶或二叶；芽长于叶，一般长3厘米以下，芽叶均匀成朵，不带夹蒂、碎片，小巧玲珑，龙井茶味道清香，假冒龙井茶则多是青草味，夹蒂较多，手感不光滑。

洞庭碧螺春，产于江苏吴县太湖之滨的洞庭山。碧螺春茶叶用春季从茶树采摘下的细嫩芽头炒制而成；高级的碧螺春，0.5千克干茶需要茶芽6万～7万个，足见茶芽之细嫩。炒成后的干茶条索紧结，白毫显露，色泽银绿，翠碧诱人，卷曲成螺，故名碧螺春。此茶冲泡后杯中白云翻滚，清香袭人，是国内著名的名茶，常被作为高级礼品。碧螺春银芽显露，一芽一叶，茶叶总长度为1.5厘米，牙为白毫卷曲形，叶为卷曲清绿色，叶底幼嫩，均匀明亮。假的为一芽二叶，芽叶长度不齐，呈黄色。

黄山毛峰，产于安徽黄山，主要分布在桃花峰的云谷寺、松谷庵、吊桥阉、慈光阁及半寺周围。这里山高林密，日照短，云雾多，自然条件十分优越，茶树得云雾之滋润，无寒暑之侵袭，蕴成良好的品质。黄山毛峰采制十分精细。制成的毛峰茶外形细嫩稍卷曲，芽肥壮、匀齐，有峰毫，形状有点像雀舌，叶呈金黄色；色泽嫩绿油润，香气清鲜，水色清澈、杏黄、明亮，味醇厚、回甘，叶底芽叶成朵，厚实鲜艳。假茶呈土黄，味苦，叶底不成朵。

六安瓜片，产于皖西大别山茶区，其中以六安、金寨、霍山三县所产品质最佳。六安瓜片不仅可消暑解渴生津，而且还有极强的助消化作用和治病功效，明代闻龙在《茶笺》中称，六安茶入药最有功效，因而被视为珍品。此茶每年春季采摘，其外形平展，每一片不带芽和茎梗，叶呈绿色光润，微向上重叠，形似瓜子，内质香气清高，水色碧绿，滋味回甜，叶底厚实明亮。假的则味道较苦，色比较黄。

君山银针，产于岳阳洞庭湖的青螺岛，有“洞庭帝子春长恨，二千年来草更长”的描写。是具有千余年历史的传统名茶。经考证《红楼梦》曾谈到妙玉用隔年的梅花积雪冲泡的老君眉即是君山银针。君山银针由未展开的肥嫩芽头制成，芽头肥壮挺直、匀

小贴士

茶叶妙用：喉头发炎，声音嘶哑，可能是感冒，就医前，用冰糖泡浓茶喝上几大杯，立刻会觉得口腔清爽，痛苦减少。

齐，满披茸毛，色泽金黄光亮，香气清鲜，茶色浅黄，味甜爽，冲泡看起来芽尖冲向水面，悬空竖立，然后徐徐下沉杯底，形如群笋出土，又像银刀直立。假银针为青草味，泡后银针不能竖立。

武夷山风光

信阳毛尖，产于河南信阳大别山。是我国著名的内销绿茶，以原料细嫩、制工精巧、形美、香高、味长而闻名。信阳地区优越的气候与土壤条件，是绿茶生产的理想环境，千百年一脉相承的手工制茶工艺，使信阳毛尖的独特无与伦比。茶圣陆羽在其《茶经》中把其列为茶中上品，宋代大文豪苏东坡又有“淮南茶信阳第一”的千古定论。信阳毛尖其外形条索紧细、圆、光、直，青黑色，一般一芽一叶或一芽二叶，假的为卷曲形，叶片发黄。

安溪铁观音

武夷岩茶，产于福建崇安县武夷山。武夷岩茶属半发酵茶，制作方法介于绿茶与红茶之间。其主要品种有大红袍、白鸡冠、水仙、乌龙、肉桂等。18世纪传入欧洲后，备受当地群众的喜爱，曾有“百病之药”美誉。外形条索肥壮、紧结、匀整，带扭曲条形，俗称蜻蜓头，叶背起蛙皮状砂粒，俗称蛤蟆背，滋味醇厚回苦，润滑爽口，汤色橙黄，清澈艳丽，叶底匀亮，边缘朱红或起红点，中央叶

左边为新茶，右边为陈茶

肉黄绿色，叶脉浅黄色，耐泡在6～8次以上，假茶开始味淡，欠韵味，色泽枯暗。

安溪铁观音，产于闽南安溪。叶体沉重如铁，形美如观音，多呈螺旋形，色泽砂绿，光润，绿蒂，具有天然兰花香，汤色清澈金黄，味醇厚甜美，入口微苦，立即转甜，耐冲泡，叶底开展，青绿红边，肥厚明亮，每颗茶都带茶枝，假茶叶形长而薄，条索较粗，无青翠红边，叶泡三遍后便无香味。

祁门红茶，颜色为棕红色，切成0.6～0.8厘米，味道浓厚，强烈醇和、鲜爽。假茶一般带有人工色素，味苦涩、淡薄，条叶形状不齐。

都匀毛尖，产于贵州都匀县。茶叶嫩绿匀齐，细小短薄，一芽一叶初展，形似雀舌，长2～2.5厘米，外形条索紧细、卷曲，毫毛显露。叶底嫩绿匀齐。假茶叶底不匀，味苦。

◇四季茶的区分

此外，茶还有新茶与陈茶，春茶、夏茶、秋茶和冬茶之分。

新茶与陈茶，是相对的概念。一般从3月份开始，茶树陆续发芽抽生，新茶相继上市。花茶则因多数窨茶的鲜花要在6月以后才开始现花，窨制花茶多数得在7月才能进行。所以，每年3月以后饮的仍是隔年茶，也就是陈茶。

陈茶因贮存时间长，在光、水、气、热的作用下，茶叶内会形成影响其色、香、味的特有物质，而且各种维生素必将遭到破坏。或氧化变质，致使茶叶失去光泽而变得灰暗，汤色混浊泛黄，香气低闷，条索松散，品质降低。所以，“茶以新为贵”。古往今来，人们对茶叶有抢

绿茶春茶

夏茶铁观音

新、尝新的习惯。

但是通常人们所说的新茶比陈茶好，是指一般而言，并不是绝对的。例如，一杯新炒好的龙井茶与一杯在干燥条件下存放1～2个月的龙井茶相比，虽然两者的汤色都清澈明亮，滋味都鲜醇回甘，叶底也都青翠细嫩，但是香气有别：未经贮藏过的龙井茶，闻起来略带有青草气，而经过适时贮藏的龙井茶，闻起来却清香幽雅。因此，适时贮藏，对龙井茶而言，不但色味俱佳，而且还具香胜之美。又如产于闽、粤、台的乌龙茶，只要保存得当，即使是隔年陈茶，同样具有香气馥郁、滋味醇厚的特点。

龙井茶、乌龙茶的贮藏还有一定的时间限制，而广西的六堡茶、云南的普洱茶、湖北的茯砖茶却久藏不变，反而能提高茶叶品质。因为这几种茶叶在贮藏过程中，形成了两种气味：一是发霉形成的霉气，二是陈化形成的陈气，两气相融，相互协调，结果产生了一种为消费者欢迎的特异气味，反而更受人们的欢迎。

判断新茶与陈茶，可从三个方面进行综合辨别：

一是根据茶叶的色泽来分辨。绿茶色泽青翠碧绿，汤色黄绿明亮；红茶色泽乌润，汤色红橙泛亮，是新茶的标志。

二是根据香气来分辨。现代科学分析表明，构成茶叶香气的成分有300多种，它们在茶叶贮藏过程中，既能不断挥发，又会缓慢氧化。因此，随着时间的延长，茶叶的香气就会由高变低，香型就会由新茶时的清香馥郁而变得低闷混浊。

绿茶秋茶

三是根据茶叶的滋味来分辨。因为在贮藏过程中，茶叶中的构成滋味的物质，有的分解挥发，有的缩合成不溶于水的物

高山茶

质，从而使可溶于茶汤中的有效滋味物质减少。因此，不管何种茶类，新茶的滋味都醇厚鲜爽，而陈茶却显得淡而不爽。

总之，新茶给人以色鲜、香高、味醇的感觉。而贮藏1年以上的陈茶，纵然保管良好，也难免会出现色暗、香沉、味薄之感。只是由于贮藏方法不同，变化程度有大有小罢了。至于保管不好，而发生茶叶潮变，或沾染某种异味则另当别论。

什么是春茶、夏茶、秋茶、冬茶呢？一般来讲，春茶是指当年5月底之前采制的茶叶；夏茶是指6月初至7月底采制的茶叶；而八月以后采制的当年茶叶，称为秋茶；10月以后就是冬茶了。

以绿茶为例，春茶由于茶树休养生息了一个冬天，新梢芽叶肥壮，而春季温度适中，雨量充沛，使春茶色泽翠绿，叶质柔嫩，毫毛多，叶片中有效物质含量丰富。所以，春茶滋味鲜爽，香气浓烈，是全年品质最好的时期。而夏季时，茶树生长迅速，叶片中可溶物质减少，咖啡因、花青素、茶多酚等苦涩味物质增加。因此，夏茶滋味较苦涩，香气也不如春茶浓。秋季的茶树已经过两次以上采摘，叶片内所含物质相对减少，叶色泛黄，大小不一，滋味、香气都较平淡。

春茶、夏茶和秋茶的品质特征，可以干看也可湿看。干看，即从干茶的色、香、形上加以判断。湿看，就是根据茶汤来判断。

假信阳毛尖茶

从干茶来看，春茶红茶乌润，绿茶翠绿。茶芽肥壮重实，有较多白毫，条索紧结，珠茶颗粒则圆紧，且香气鲜浓、馥郁。夏茶红茶色泽红润，绿

小贴士

茶叶妙用：手指灼伤后，浸在凉茶中，可缓解灼伤的疼痛感。

茶色泽灰暗。茶叶轻飘松宽，嫩梗宽长，且红茶、绿茶条索松散，珠茶颗粒杓泡。秋茶绿茶色泽黄绿，红茶色泽暗红，茶叶大小不一，叶张轻薄瘦小，香气较为平和。

在购茶时还可从偶尔夹杂在茶叶中的茶花、茶果来判断是何季茶。如果发现茶叶中夹有茶树幼果，其大小近似绿豆时，那么，可以判断为春茶。若幼果接近豌豆大小，那么，可以判断为夏茶。若茶果直径已超过0.6厘米，那么，可以判断为秋茶。不过，秋茶期间，由于鲜茶果的直径已达到1厘米左右，一般很少会有夹杂。自7月下旬开始，直至当年8月，为茶树花蕾期，而9～11月为茶树开花期。所以，如发现茶叶中杂有干茶树花蕾或干茶树花朵者，当为秋茶了。只是茶叶在加工过程中，通过筛分、拣剔，很少会有茶树花、果夹杂。因此，在判断季节茶时，必须进行综合分析，方可避免片面性。

从湿茶看，茶叶冲泡后下沉快，香气浓烈持久，滋味醇厚；绿茶汤色绿中显黄，红茶汤色红艳现金圈；茶叶叶底柔软厚实，正常芽叶多者，为春茶。

茶叶冲泡后，下沉较慢，香气稍低；绿茶滋味欠厚稍涩，汤色青绿，叶底中夹杂铜绿色芽叶；红茶滋味较强欠爽，汤色红暗，叶底较红亮；茶叶叶底薄而较硬，对夹叶较多者，为夏茶。

茶叶冲泡后香气不高，滋味平淡，叶底夹有铜绿色芽叶，叶张大小不一，对夹叶多者，为秋茶。

◇高山茶与平地茶

高山茶与平地茶如何区分？多数高山茶与平地茶相比，都有香气高长、滋味浓郁的特点，所以有“高山出好茶”之说。高山出好茶，是由优越的茶树生态环境造成的。茶树的原产地在我国西南部的多雨潮湿的原始森林中，经过长期的历史进化，逐渐形成了喜温、喜湿、耐阴的生活习性。高山之所以出好茶就在于那里优越的生态条件，正好满足了茶树生长的需要。

高山出好茶，是由于高山的气候与土壤综合作用的结果。如果在制作时工艺精湛，茶叶的品质将更高。同样，只要气候温和，雨量充沛，云雾较多，湿度较大，以及土壤肥沃，土质良好，即使不是高山，但具备了高山生态环境的地方，也会生产出品质优良的茶叶。

高山出好茶也不是绝对的。对主要高山名茶产地的调查表明，这些茶山都集中在海拔200～600米之间。海拔超过800米以上，由于气温偏低，往往茶树生长受阻，且易受白星病危害，用这种茶树新梢制出的茶叶，饮起来涩口，味感较差。

高山茶与平地茶相比，由于生态环境有别，不仅茶叶形态不一，而且茶叶内质也不相同。高山茶新梢肥壮，色泽翠绿，茸毛多，节间长，鲜嫩度好。由此加工而成的茶叶，往往具有特殊的花香，而且香气高，滋味浓，耐冲泡，且条索肥硕、紧结、白毫显露。而平地茶的新梢短小，叶底硬薄，叶张平展，叶色黄绿少光。由它加工而成的茶叶，香气稍低，滋味较淡，条索细瘦，身骨较轻。

◇ 拌花茶与熏花茶之分

假茶中还有一种拌花茶，主要用来假冒熏花茶。熏花茶，又称花茶、香花茶、香片等。它是以精制加工而成的茶叶（又称茶坯），配以香花窨制成的，是我国特有的一种茶叶品类。窨制熏花茶的原料，一是茶坯，二是香花。茶叶疏松多细孔，具有毛细管的作用，容易吸收空气中的水气和气体。熏花茶窨制就是利用茶叶吸香和鲜花吐香两个特性，一吸一吐，使茶味花香合二而一。熏花茶经窨花后，要进行提

熏花茶

花，就是将已经失去花香的花干，通过筛分剔除，尤其是高级熏花茶更是如此，但也偶有少数香花的片、末偶尔残留于花茶之中。只有在一些低级熏花茶中，有时为了增色，才人为地夹杂少量花干，但它无助于提高熏花茶的香气。所以，对成品熏花茶而言，它并非是由香花和茶叶两部分构成的。只是茶叶吸收了鲜花中的香气而已。

拌花茶，就是在未经窨花和提花的低级茶叶中，拌上一些已经过窨制、筛分出来的花干，充作花茶。这种茶，由于香花已经失去香味，茶叶已无香可吸，拌上些花干，只是造成人们的一种错觉而已。所以，从科学角度而言，只有窨花茶才能称作熏花茶，拌花茶实则是一种假冒花茶。

区分熏花茶与拌花茶，通常用感官审评的办法进行。购买时，只要用双手捧上一把茶，用力吸一下茶叶的气味，有浓郁花香者，为熏花茶；茶叶中虽有花干，但只有茶味，却无花香者，是拌花茶。倘若将茶叶用开水冲泡，只要一闻一饮，判断有无花香存在，便能作出判断。但也有少数假花茶，将茉莉花香型的一类香精喷于茶叶表面，再放上些窨制过的花干，这就增加了识别的困难。不过，这种花茶的香气只能维持1～2个月，以后就消失殆尽。而且，用天然鲜花窨制的熏花茶，香气纯清，而喷香精的花茶，则有闷浊之感。所以，即使在香气有效期内，也可凭对香气的感觉将其区别出来。

茶叶的贮藏与保鲜

◇影响茶叶在存放中变质的因素

1.茶叶中化学成分的变化

茶叶“后熟”的特点决定了其在贮藏过程中所含的许多化学成分会发生氧化作用，导致茶叶陈化和劣变。要想避免茶叶在存放过程中发生变质现象，我们就首先要认识一下影响茶叶品质的化学成分即叶绿素、茶多酚、维生素、胡萝卜素、氨基酸以及多种香气成分等的相应变化。

贮茶罐

（1）叶绿素的变化。叶绿素是形成绿茶色泽的重要成分。嫩芽叶中叶绿素含量较高。它由呈蓝绿色的叶绿素A和呈黄绿色的叶绿素B两大部分构成。在茶叶中两者比例以及含量决定了成品茶的色泽。然而，叶绿素又是一种很不稳定的成分，在光和热的条件下，易分解，绿色减少而变褐，形成脱镁叶绿素。一般情况下，当脱镁叶绿素含量占70％时，茶叶色泽出现显著褐变。

（2）茶多酚的氧化和聚变。茶多酚与茶叶滋味、汤色的关系十分密切，其含量多少决定着茶汤的滋味浓度。茶多酚本身无色，但在红茶加工过程中被氧化、聚合形成茶黄素与茶红素，进而成为褐色素（高聚合物），促使红茶汤色加深变暗。在绿茶中，茶多酚的含量较高，其在贮藏过程中也易发生氧化，生成醌类化合物，导致色泽变褐。同时这些物质还能与氨基酸类物质进一步反应，促使滋味劣变。

（3）维生素C减少。维生素C是茶叶含有的重要营养成分，其含量多少与茶叶品质密切相关。维生素C也是一种易被氧化的成分，高级的绿茶，维生素C含量更高，也越难以保存。维生素C被氧化后生成脱氢维生素C，它与氨基酸相互作用，生成氨基羰基，茶叶营养价值降低，颜色变褐，同时也失去了鲜爽滋味。如果绿茶中维生素C保留量达80％以上，绿茶不会变质，一旦下降到60％以下，品质就明显变劣。

贮茶罐

（4）类脂物质的水解与胡萝卜素的氧化。茶叶中所含脂肪类物质，在贮藏过程中如被氧化、水解而成游离脂肪酸、醛类或酮类，就会出现酸臭味。已有资料表明，随着茶叶中的游离脂肪酸含量增加，茶叶香味显陈，汤色加深，进而导致茶叶使用价值降低。

茶叶中还有一定含量的类胡萝卜素，这是一类黄色素，成分复杂，是光合作用的辅助成分。因其具有吸收光能的性质，所以易被氧化。氧化后的产物，有异味，也使茶汤质变。

（5）氨基酸的变化。茶树中氨基酸多集中于嫩梢中，老叶中含量较低，因此级别愈高的茶叶，氨基酸含量也就愈多。茶叶在存放期间，氨基酸会与茶多酚类自动氧化的产物结合生成暗色的聚合物，导致茶叶失去收敛性，且降低新茶特有的鲜爽度，变得淡而无回味。红茶贮存中，氨基酸与茶黄素、茶红素作用形成深暗色的高聚合物。同时氨基酸在一定的温度条件下还会继续氧化、降解和转化，因此贮存时间越长，氨基酸含量下降的可能性越大，进而茶叶也容易变陈。

（6）香气成分的变化。茶叶中的芳香物质具有挥发性。茶叶长时间存放，香气会日渐减低，陈味日渐突出，尤其是新茶特有的清香会丧失。这些现象的产生都与茶叶中芳香物质的变化有着直接的关系。这些芳香物质在茶叶贮存过程中，会随时间延长而明显减少。

2.环境的影响

茶叶中化学成分的变化受外界环境因素的影响。引起茶叶陈化劣变的主要因素是水分、氧气、温度和光线。在这些因素中茶叶水分是导致陈化变质的主要原因，温度、氧气则加速和延缓陈化变质。

（1）水分的影响。茶叶是一种干燥的产品。有关理论认为，绝对干燥的食品因其直接暴露于空气，其化学成分易受空气中氧气的氧化。但是如果水分子以氢键和食品成分结合，呈单分子层状态时，就好像在食品表面涂上一层保护膜，使氧化进度变缓，食品得到保护。众多研究表明，当茶叶中的含水量在3％左右时，茶叶成分与水分子几乎呈单层分子关系，能较好地隔离脂质与空气中氧分子，阻止脂质的氧化变质。但当水分超过此含量时，不但不能起保护膜作用，反而起溶剂作用。溶剂的特性是使溶质扩散，加剧反应。当茶叶水分含量超过6％，或外界大气相对湿度高于60％以上时，会使茶叶中的化学变化十分活跃，如叶绿素的变性、分解，色泽变褐变深；茶多酚、氨基酸等呈味物质迅速减少；组成新茶香气的二甲硫、苯乙醇等芳香物质锐减，而大量增加香气不利的挥发性成分，导致茶叶品质变劣。因此，成品茶的含水量必须严格控制在6％以下，超过此限度则要采取复火烘干措施，才能保存。

茶树嫩梢

（2）温度的影响。温度是影响茶叶成分发生化学变化速度的重要因素。温度越高，陈化越快。据测试，茶叶在贮藏过程中，在一定范围内温度每升高10℃，褐变速度加快3倍～5倍。在10℃以下贮藏，可抑制茶叶褐变。在-20℃条件下冷藏，则几乎可以长期防止茶叶陈化与变质。

同样，在较高温度下贮存红茶，其所含的相关化学成分亦会加速氧化，或促使其他成分加速氧化，从而使新茶陈化，品质下降。

（3）氧气的影响。我们已经了解大多数物质发生化学变化都是在氧气参与条件下进行的。在平常空气中大部分是分子态氧，其氧化反应并不很强。然而一旦它与其他物质相结合，特别是有促进反应的酶的参与，其氧化反应可以变得很激烈。如茶叶贮藏包装不当，氧气进入，会加快茶叶中易氧化物的氧化作用。如儿茶素的自动氧化，维生素C的氧化，茶多酚残留酶催化的茶多酚氧化，茶黄素、茶红素的进一步氧化聚合，以及脂类氧化产生陈味物质，都是在氧气的参与和作用下发生的。

（4）光线的影响。茶叶在光线的照射下，其化学成分会加速反应。如使叶绿素有色物质分解退色，有些成分甚而产生不良气味——日晒味，等等。

◇茶叶的保存

1.包装材料的选用

茶叶的包装在茶叶运输、销售、贮存及保质的过程中是不可缺少的。不理想的包装往往会加速茶叶色香味的丧失，而良好的包装，不仅使茶叶能避免从生产到销售各个环节中品质的损失，还能具有很好的广告效应，直接或间接地促进茶叶的销售。

茶叶的包装从用途角度可分为运输包装和礼品包装。

任何一种包装，其材料都必须对茶叶起防潮、绝气、遮光的作用。由于不同包装材料的透湿、透气等物理性能不尽相同，其防止茶叶劣变的作用也就大不相同。

现今，茶叶包装所采用的新型薄膜，多数是气体阻隔性能良好，能有效地防止水蒸气侵入和包装袋内茶叶香气的散失，且加工性能优良，热封方便，造型随意，具有一定的机械强度和抗化学腐蚀性能，符合包装食品的卫生标准。复合薄膜虽然成本较高，但它的确是一种优良的包装材料。目前，生产厂家常用的茶叶包装薄膜主要有：普通玻璃纸、聚乙烯薄膜、聚丙烯薄膜、聚酯薄膜、尼龙薄膜及用这些材料三层甚至五层复合的复合包装薄膜，如玻璃纸/聚乙烯复合薄膜、拉伸聚丙烯/聚乙烯/未拉伸聚丙烯复合薄膜等。这些材料一般作小包装之用。通常在选择时，应尽可能选用透湿量小于1（单位为克/平方米/天），透氧量在透湿量相近的情况下，相对小一些的材料较为适宜。大批量茶叶，在运输过程中的包装，近年来开始推广使用麻袋内衬塑料袋或涂塑料麻袋，其防潮效果显著。

新红茶

成品茶的包装比较高档，出口茶的包装选用三合板制夹板箱，箱内还衬有铝箔牛皮纸。内销茶大多用纸箱内套塑料防潮袋。

抽气充氮包装是近年来新兴的贮存名茶的方法，使用比较普遍。其方法是先将茶叶烘干到水分含量达5%左右，不超过6%，放入铝箔复合袋中，袋口用热封口设备封装牢固。用呼吸式抽气充氮机抽出包装袋内空气，同时充入纯氮气，加封好封口贴，置于茶箱入库保藏。抽气充氮包装通常可保存八个月，若送入冷库，一年以后仍有较好品质。

2.茶叶存贮的方法

茶叶贮存分为生产、营销部门的大批量贮存和家庭用的少量茶叶的保存两种，其用材和方法都各不相同。

（1）大批量茶的贮存。需要贮存的茶叶数量比较大时，最好采用低温、低湿、封闭式的冷库贮藏，这样更利于保鲜。一般库房要求温度不超过5℃，湿度控制在60%以下。一座容积180立方米的冷库，可贮放茶叶1.5万公斤。茶叶贮藏8个月，品质基本不变，叶绿素含量是常规贮藏的2倍，维生素C含量是常规贮藏的4倍。

如果没有冷库，对于如西湖龙井、黄山毛峰等大批量高档名优茶来说，在收购后暂不处理的，就要进行临时性贮存，一般采用石灰块保藏法，即利用石灰块的吸湿性，保持茶叶充分干燥。其方法是选用口小肚大、不易漏气的陶坛作为装茶器具。贮放前将坛洗净、晾干，用粗草纸

新花茶

衬垫坛底。用白细布制成石灰袋，装生石灰块，每袋以0.5公斤为宜。将待藏茶叶用软白纸包后，外扎牛皮纸包好，置于坛内四周，中间嵌入1～2只石灰袋，再在上面覆盖已包装好的茶包，如此装满为止。装满坛子后，用若干层厚草纸密封坛口，压上厚木板，以避免外界空气进入。在江南地区春秋两季多雨天气（6月与9月），根据袋内石灰潮解程度，换灰1～2次，始终保持坛内呈干燥状态。用这种方法贮存可使茶叶在一年内保持原有的色泽和香气。

（2）家庭用茶的保存。家庭选购的茶叶，不论是散装的或是有包装的，启封后，都应立即重新包装贮藏剩余的茶叶，才能保持茶叶具有的品质。茶叶极易吸收潮气和异味。家庭茶叶的贮存，力求做到防潮与无异味，最好冷藏保存，如没有此条件，可采用以下几种贮存方法：

石灰块瓦坛贮藏。用干燥的毛边纸将茶叶包好，放于坛内四周。中间放石灰块包，盖口放棉花或软厚草纸，再密封之。茶叶与石灰块的比例是3：1。一两个月，换一次石灰块包。这是传统的茶叶贮藏方法，一般可保鲜半年。

干燥剂铁罐贮藏。在普通的装茶铁罐中盛放茶叶，同时放入一二小包干燥的硅胶即可。茶与硅胶干燥剂的比例是10：1。如发现硅胶变红，即表示已潮湿，可取出晒干或烘干后重复使用。铁罐要置于阴凉处，切忌阳光直射、潮湿或靠近热源。

热水瓶贮藏。用保温性能较好的热水瓶胆，放入茶叶，用瓶塞塞紧瓶口，再以蜡封口效果更好。茶叶可保鲜数月。

第三章

精心择水

茶艺

水为茶之母

水是生命之源。水对于茶来说，有“水为茶之母”之说。“龙井茶，虎跑水”，“扬子江中水，蒙顶山上茶”，说的就是这个意思。

茶与水的关系非常密切，是因为水是茶的色、香、味、形的体现者。饮茶时，人们用水冲泡茶叶后，经眼睛看、鼻子闻、口尝而享受到品茶带来的美感。如果水质欠佳，泡出来的茶汤浑浊，滋味苦涩，品茶也就失去了意义。

明人许次纾在《茶疏》中说：“精茗蕴香，借水而发，无水不可与论茶也。”明人张大复在《梅花草堂笔谈》中说：“茶性必发于水。八分之茶，遇十分之水，茶亦十分矣；八分之水，试十分之茶，茶只八分耳。”

明代张源在《茶录》中宣称：“茶者，水之神；水者，茶之体。非真水莫显其神，非精茶曷窥其体。”

佳茗必须有好水相匹配，方能相得益彰；反之，有了好茶，若水不好，佳茗也不佳也。这是古人对茶与水关系的精辟阐述，这种认识与实践，即使在今天，仍有重要的借鉴作用。

如何选水

水可分为泉水（山水）、溪水、江水（河水）、湖水、井水、雨水、雪水、露水、自来水、纯净水、矿泉水、蒸馏水等。又可按硬度分为硬水和软水。根据现代的科学分析，水中通常都含有处于电离状态下的钙和镁的碳酸盐、硫酸盐和氯化物，每升水中钙、镁离子含量少于8毫克的称为软水，超过8毫克的称为硬水。

小贴士

氯化物是指带负电的氯离子和其他元素带正电的阳离子结合而形成的盐类化合物。最常见的氯化物是氯化钠（俗称食盐）。一般成年人体内大约含有75～80克氯化钠，主要以氯离子形式广泛存在于组织与体液中。人体内缺少氯会导致腹泻、缺水等症状。婴儿如果由于遗传的因素而缺氯，会导致生长障碍。但医学专家认为，过多的氯化钠摄取会导致高血压。

这当中哪一种水泡茶最好，不可一概而论。陆羽曾将泡茶用水分成三个等级。他在《茶经•五之煮》中写道："其水，用山水上，江水中，井水下。"在自然界中，大抵来说，在无污染的情况下，只有雪水、雨水、露水才称得上是软水；其他如泉水、江水、河水、湖水、井水等都是硬水。用软水沏茶，香高味醇，自然很好，但软水不可多得。硬水的主要成分是碳酸氢钙和碳酸氢镁，一经高温煮沸，就会立即分解沉淀，使硬水变成软水，因此同样能泡一杯好茶。

为什么水质对茶的汤色和滋味、香气都有影响呢？首先水的硬度影响水的pH值，而pH值又影响茶汤色泽。当pH值大于7时，汤色变深，儿茶素趋于氧化损失。其次，水的硬度还影响茶叶有效成分的溶解度。硬水中含有较多的钙、镁离子和矿物质，茶叶有效成分的溶解度低，故茶味淡；而软水中含有其他溶质少，茶叶有效成分的溶解度高，故茶味浓。此外，如水中铁离子含量过高，茶汤就会变成黑褐色，甚至会浮起一层"锈油"，简直无法饮用。这是茶叶中多酚类物质与铁作用的结果。如水中

湖水

铅的含量达0.2毫克/升时，茶味变苦。镁的含量大于2毫克/升时，茶味变淡。钙的含量大于2毫克/升时，茶味变涩；若达到4毫克/升，则茶味变苦。由此可见，泡茶用水以选择软水或暂时硬水为宜。

水质对茶汤品质的影响

水质	汤色、滋味
pH值 > 7	汤色变深
硬水	汤色深、滋味淡
软水	汤色亮、滋味浓
铁（Fe）过高	汤色变黑褐色
铅（Pb）> 0.2毫克/升	茶味变苦
镁（Mg）> 2毫克/升	茶味变淡
钙（Ca）> 2毫克/升	茶味变苦涩

煮水

煮水，又名烹泉，与普通的烧开水不同，“烹”意指用功，“泉”意在水好。煮水品茶，既有历史渊源，又有现实意义。品茶论水，是茶圣陆羽首先提出的。陆羽在《茶经•五之煮》提出了“三沸说”：“其沸，如鱼目微有声为一沸；缘边如涌泉连珠为二沸；腾波鼓浪为三沸。已上，水老不可食也。”陆羽把水开过程划分为“三沸”，即三个阶段。陆羽的“三水论”和“三

煮水器

沸论”为唐代陆羽茶艺的推广，更为宋、明、清不断加深对品茶鉴水的认识，实现品茶寻韵，提升艺术意境，丰富其文化内涵起到了重要作用，直到今天，仍作为品茶鉴水的名言。

煮水要适度。陆羽的“三沸说”认为：“一沸”如鱼目尚嫩；“三沸”腾波鼓浪已过老，以“二沸”涌泉连珠为最适度。由此可见，品茶论水，要水质好，还要煮得好，才能够真正获得茶性借水而发、色香味俱佳的效果，创造品茶的最高境界。

◇煮水的内容

选好水后还有以下一些内容需要注意。

1. 选具

煮水用具的选择很重要，总的原则要精美适手。煮水用具主要包括：①煮水壶。现在一般用电煮水，从茶艺效果看，最好用透明材质的专用煮水壶（莲珠壶），以便能直接观看煮水过程的水态变化，用电不方便时可用这种透明水壶配煤气炉。煮水壶壶嘴以细长为好，这样便于泡茶高冲，水细流长。此外，壶柄要适手，便于操作。②储水罐或电热饮水器。最好选用电热饮水器，这样可以提前加热泡茶用水，使用方便，高雅大方。

选好煮水用具要注意两点：

一是要注意用具的适用性，以电热壶更方便。

二要注意用具的美观性，要求壶体精致小巧，造型美观，壶嘴及其出水流线好，材质以透明的最好，还要适手性好，便于操作。同时配套的储水器也要有档次，美观大方，且与煮水壶风格相似，不宜因陋就简。

2. 活火

煮茶

饮食谚语有云："三分技术七分火。"古人烹茶对用火大有讲究。许次纾在《茶疏》中指出："茶滋于水，水藉乎器，汤成于火。四者相须，缺一则废。"田艺蘅也认为："有水有茶，不可无火，非无火也，有所宜也。"都指出火在成茶中的重要性。古人强调用活火，古人认为煎茶需要"活火煮活水"，其说始于唐代的李约。唐代赵磷《因话录》卷二："（李）约天性唯嗜茶，能自煎。谓人曰：'茶须缓火炙，活火煎。'活火谓炭火之焰者也。"明代朱权在《茶谱》中提出："用炭之有焰者，谓之活火。当使汤无妄沸。初如鱼眼散布，中如泉涌连珠，终则腾波鼓浪，水气全消，此三沸之法。非活火不能成也。"所谓"活火煮活水"指以有焰无烟的炭煮流动之泉水或江水。

茶圣陆羽主张用木炭。在《茶经》中云："其火用炭，次用劲薪。"并说明曾经烤过肉而染上了腥膻和油腻气的炭，或是有油烟的柴以及腐朽木器，都不能用。否则会影响茶叶的天然香气和滋味。温庭筠在《采茶录》中也认为："活火谓炭之有焰者，当使汤无妄沸，庶可养茶。"进一步强调用炭烧水的好处。苏轼在《试院煎茶》中作了相似的说明："贵在活水发新泉"，又在《汲江煎茶》提及："活水还需活火煎"，都主张用"活水"烧火煎茶，并要急火、快

煮水器

煎，做到烧、煎有“度”。接着许次纾又认为，烧水用炭最好，但烧水时，要将木炭“先烧令红，去其烟焰，兼取性力猛炽，水乃易沸。既红之后，乃授水器，乃急扇之，愈速愈妙，毋令停手。停过之后，宁弃而再烹”。可见古人选柴用火十分讲究。选择燃料除了木炭最好外，清代无名氏笔记《乐水清活》提及橄榄果核做燃料，据说：“（果核）生火，火势炽势，只有蓝焰，绝无一点火气和杂气。”田氏认为：“若寒月多拾松实，蓄为煮茶之具，更雅。”

3.火候

火候是指烧水的火力大小或掌握温度高低的程度。煮水煎茶首先要选择燃料。茶艺的火候就是用柴助风兴火，火煮水，水煎茶的三者协调关系，从而把茶的精华从水、火中提炼出来。古人强调施文武火功，明张源在《茶录》中提出：“烹茶旨要，火候为先。炉火通红，茶瓢始上。扇起要轻疾，待有声稍稍重疾，斯文武之候也。过于文则水性柔，柔则水为茶降。过于武则水性烈，烈则茶为水制。皆不足于中和，非茶家要旨也。”

4.汤候

汤候是指煮水的适宜程度。蔡襄《茶录》记载：“候汤最难，未熟则沫浮，过熟则茶沉。”掌握辨别和衡量汤候的标准，要看水沸时气泡的多少和大小，以及水沸时的响声。陆羽的《茶经•五之煮》，全面总结了煮茶过程中从初沸到全沸的“三沸之汤”。又说：“以上，水老不可食也。”其含义为：当水煮到初沸时，冒出状如鱼目一样大小的气泡，稍有微声；继而沿着茶釜

煮出来的茶汤

的四边像涌泉那样连珠，不断往上冒出气泡；最后釜中水面整个沸腾起来，如波浪翻滚，为三沸汤。再煮过火，汤已失性，不能饮用。依陆羽之见，如“鱼目”过后，“连珠”出现时为茶汤适度，用于煎茶最好。

陆羽的煮茶法把“声响”和“形色”作为鉴别掌握茶汤的适度以及防止“老”与“嫩”的主要方法，普遍得到了社会各阶层的效法和称赞。张源在《茶录》中对煮茶过程作了全面精辟的总结：“汤有三大辨，十五小辨。一曰形辨，二曰声辨，三曰气辨。形为内辨，声为外辨，气为捷辨。如虾眼、蟹眼、鱼眼、连珠，皆为萌汤，直到涌沸如腾波鼓浪，水气全消，方是纯熟。如初声、转声、振声、骤声，皆为萌汤，直至无声，方是纯熟。如气浮一缕、二缕、三四缕，及缕乱不分、氤氲乱绕，皆为萌汤；直至气直冲贯，方是纯熟。”进一步丰富了陆羽的“三沸汤法”的内容。明许次纾在《茶疏》中指出：“大涛鼎沸，旋至无声，是为过时，过则汤老而香散，决不堪用。”

现在多用电煮水，既无烟，又能使火力从文到武，是最佳的配置，关键是沸水态的“二沸”要掌握得当。有些茶艺师煮水没有三沸意识，让水不停地沸腾，10分钟、20分钟甚至30分钟以上，这是很不好的。其一，水中的二氧化碳气体散失殆尽，降低茶汤鲜爽度。其二，水中的微量硝酸盐在高温下被还原成亚硝酸盐，水过多蒸发后浓度提高，饮后不利于人体健康。

◇煮水与泡茶技艺的配合

有了优质的茶叶、甘美的好水、精致的茶具，还必须要有适当的冲泡方法，茶叶固有的色、香、味才能充分体现出来，为人们所享受，饮茶艺术，才能被人们所欣赏。古人认为："茶之妙，在乎始造之精，藏之得法，泡之得宜。"可见，我们的祖先早已认识到泡茶方法的重要性。煮水泡茶技术，主要是根据不同的茶类、加工方法、茶的特性，掌握好茶的用量、开水的温度、冲泡的时间。因此，我们将茶叶用量、开水温度、冲泡时间归纳为煮水泡茶三要素。

1.茶叶用量

根据不同的茶类、加工方法和茶叶等级而定。一般来讲，细嫩的茶叶用量稍多一点，成熟的茶叶用量稍少一点；加工时揉捻轻的茶叶用量稍多一点，加工时揉捻重的茶叶用量稍少一点。普通绿茶、红茶、花茶，以1克茶叶，冲开水60～70毫升为宜。容量250毫升左右的茶杯或茶壶，投放3～4克茶叶。乌龙茶，习惯浓饮，茶汤量少而味浓。因此，乌龙茶冲泡时用茶叶量要增加，通常以干茶体积在茶壶中所占的比例来衡量，中小型茶壶（400毫升以下）茶叶用量约为茶壶体积的一半或2／3，一般是1克乌龙茶冲20～30毫升开水。普洱茶，也习惯浓饮，泡茶用量也较普通红茶、绿茶多。

茶汤

细嫩茶叶，品种众多，因鲜叶采摘标准和加工方法不同，品质特性差异很大。一般来讲，揉捻特别重的茶叶用量应少一点，如南京雨花茶、碧螺春等，1克茶叶冲70～80毫升开水为宜。揉捻特别轻甚至不揉捻的茶叶用量应多一点，如开化龙顶、白毫银针等，1克茶叶冲40～50毫升开水为宜。

2.开水温度

泡茶的开水，一般采取现沸现泡，以100℃的开水泡茶最为适宜，此时揭开烧开的水壶盖，初见鱼眼大小的水泡。高级绿茶和细嫩的名茶，如洞庭碧螺春、西湖龙井、南京雨花茶、蒙顶甘露等，由于原料细嫩，泡茶开水的温度应适当降低，一般掌握在80℃～90℃较为适宜。如温度太高，会使茶叶泡熟变色，香味俱减，茶叶中对人体有利的营养成分如维生素C等也易遭到破坏。如温度过低，有效成分浸出速度慢，等候时间太长。白茶加工时为保毫提香以文火干燥。因此，冲泡白茶的开水以70℃较为适宜。采摘成熟新梢的乌龙茶，宜用95℃以上的开水冲泡。

3.冲泡时间

因茶叶种类、茶叶形态和泡茶器具而有所不同。据研究测定，茶叶经沸水冲泡后，首先从茶叶中浸泡出的是维生素、氨基酸、咖啡因等，一般泡到3分钟时，上述物质在茶汤中已有较高的含量。由于这些物质的存在，茶汤具有鲜爽醇和之感，但不足之处是缺乏茶汤应有的刺激味。之后随着冲泡时间的延长，茶叶中的茶多酚类物质陆续被浸提出来，一般浸泡到5分钟，茶汤中的茶多酚的含量已相当高了，这时的茶汤喝起来鲜爽味减弱，苦涩味相对增加。因此，要使茶汤有醇厚、鲜爽之感，对一般的大众绿茶、红茶来说，冲泡3～4分钟后饮用能获得最佳的味感。

乌龙茶多以小茶壶、茶多水少和现沸开水冲泡，冲泡时间宜短。通常第一泡泡45秒至1分钟，第二泡泡1.5分钟，第三泡泡2分钟左右。白茶冲泡时，要求冲泡水温在70℃左右，一般4～5分钟后，浮在水面上的茶叶才开始徐徐下沉，10分钟后方可品饮茶汤。细嫩名茶，特别是揉捻重的细嫩名茶，如无锡毫茶、南京雨花茶等，茶汁浸出速度快，冲泡时间要短，一般泡2～3分钟就可饮用。做形用力小的茶叶，如江山绿牡丹、开化龙顶等，冲泡时间要适当延长，才能冲泡出滋味鲜醇的茶汤。

◇煮水的文化内涵

煮水的文化内涵是指清纯的泉水、美态的茶具和演示技艺，以及由煮水过程产生的美妙声音和景象，让饮茶者在精神上获得美好的感受，并从心灵上产生与茶相通的意境或感想的特别现象。这种特别现象可概括为一个“唤”字，“唤”是煮水文化内涵的精髓。所谓“唤”是唤起心灵沟通之意，先是通过优质的泉水、洁美的茶具、美态的茶艺及妙语介绍，唤起饮茶者的注意，接受美意。接着是煮水的美妙声音呼唤饮茶者的心灵，让饮茶者从心灵上感受煮水沸态的美妙，引发品茶的兴奋、对茶的钟爱。古人对于煮水的感受赋诗颇多，如苏东坡的《试院煎茶》中的：“蟹眼已过鱼眼生，飕飕欲作松风鸣。”白居易在其《睡后茶兴忆杨同州》诗中写道：“白瓷瓯甚洁，红炉炭方炽。沫下曲尘香，花浮鱼眼沸。盛来有佳色，咽罢馀芳气。”皮日休的《煮茶》诗写道：“香泉一合乳，煎作连珠沸。时有蟹目溅，乍见鱼鳞起。声凝松带雨，饽恐烟生翠。”以及黄庭坚的《奉同六舅尚书咏茶碾煎烹三首》诗：“风炉小鼎不须催，鱼眼长随蟹眼来。深注寒泉收第一，亦防枵腹暴干雷。”可见古人是非常注意追求煮水的意境的。

名泉与茶

精茶、真水，是嗜茶者永远的追求。精茶和真水的融合，是嗜茶者至高的享受。到底何为真水，哪种水堪称第一？由此引发了名泉排行榜，有了天下第一泉的争端。

山东济南趵突泉

◇谁是“天下第一泉”

纵观中国名泉，“天下第一泉”何其多也。

山东济南趵突泉旁，石碑上赫然书曰“第一泉”。

镇江金山中泠泉，也叫南零水，四周围以石栏，建有亭楼，又是一个“天下第一泉”。

北京颐和园的玉泉山，泉水已经干枯，石崖上却堂而皇之地镌刻着“天下第一泉”五个大字。

“天下第一泉”按说只能有一个，到底哪一个是正宗的呢?这个问题一扯起来，就复杂了。更何况中国历史上，号为“天下第一泉（水）”的，还不止这三处。关于泉水的名次等第，足足纷争了一千多年。

这场官司是从唐代开始的。唐代有个叫张又新的文人，写了一本《煎茶水记》。书中写道，茶圣陆羽曾对湖州刺史李季卿说，天下之水，楚水第一，晋水最下，详而论之，有二十等。李季卿感到特别新鲜，命人记了下来：

庐山康王谷水帘水，第一；无锡县惠山寺石泉水，第二；蕲州兰溪石下水，第三；峡州扇子山下有石突然，泄水独清冷，状如龟形，俗云蛤蟆口水，第四；苏州虎丘寺石泉水，第五；庐山招贤寺下方桥潭水，第六；扬子江南零水，第七；洪州西山东瀑布水，第八；唐州柏岩县淮水源，第九，淮水亦佳；庐州龙池山岭水，第十；丹阳县观音寺水，第十一；扬州大明寺水，第十二；汉江金州上游中零水，第十三；归州玉虚洞下香溪水，第十四；商州武关西洛水，第十五；吴淞江水，第十六；天台山西南峰千丈瀑布水，第十七；郴州圆泉水，第十八；桐庐严陵滩水，第十九；雪水第二十，用雪不可太冷。

这份珍贵的排名，被张又新无意中发现了，而且，他运气还真不错，又发现了已故刑部侍郎刘伯刍的品水清单：

扬子江南零水，第一；无锡惠山泉水，第二；苏州虎丘寺泉水第三；丹阳县观音寺水，第四；扬州大明寺水，第五；吴淞江水第六；淮水最下，第七。

张又新不满足于文字记载，游历所到，一一品尝，认为刘伯刍说得很准确。他又来到浙江桐庐的严子陵钓台，说此地“溪色至清，水味甚冷”，用来煎茶，即便“以陈墨坏茶泼之，皆至芳香，又以煎佳茶，不可名其鲜馥也”，远远超过扬子江南零之水。似乎，张又新认为天下第一水当推桐庐严子滩水。

小贴士

茶叶妙用：将茶水加热可清除呛人的烟味。

三人的看法互有冲突，相距甚远。种种分歧中，以第一名相差最悬殊。不仅三人三说，而且，陆羽、张又新认定的冠军，刘伯刍根本未提及；张又新推崇的头名，陆羽列为末等，刘伯刍根本未提起。刘伯刍评定的第一名，则被陆羽排到第七把交椅。总之“天下第一泉”之争，相当激烈，互不相让，公案由此而起。

欧阳修不愧为大文豪，目光特别犀利，他在《大明水记》中指出，张又新《煎茶水记》说陆羽评为第四等的蛤蟆口水、第八等的西山瀑布、第十七等的天台山千丈瀑布，“皆（陆）羽戒人勿食，食而生疾”。还有“江水居山水上，井水居江水上”的现象，“皆与《茶经》相反”。欧阳修认为，陆羽不会说出自相矛盾的话，大概是张又新信口开河，随意将二十等水的品评附加到陆羽头上。欧阳修的怀疑有点道理，陆羽《茶经》所说与《煎茶水记》所载矛盾很多，张又新编造作伪的嫌疑很大。

明代朱权认为：“青城山老人村杞泉水，第一；钟山八功德水，第二；洪崖丹潭水，第三；竹根泉水，第四。”也有人不顾陆羽“山水上，江水中”的结论，将江河之水品为第一。明代许次纾途经黄河，以沉淀的黄河水瀹茶，结果“饮而甘之，尤煮茶，不下惠泉”。他大发感慨：“黄河之水，来自天上。浊者，土色也。澄之即净，香味自发。”

当然，许氏还有点躲躲闪闪，不敢公然品为第一。清人刘献廷就直截了当地说："子腾言，黄河之水，泥沙在上，其下乃清流也。靖逆侯张勇，令人拦舟桥，施居尺之绳而沉桶于底，桶上有盖，以机约之。桶至底而机张盖启，水入，缴之而上，则机复闭其盖，浊水丝毫不混也。以之烹茶，美过金山第一泉矣。"（《广阳杂记》）

另外，明代张谦德《茶经》宣称，虽然自己不能一一品尝天下名泉，但"据已尝者言之，定以惠山寺石泉为第一"，将惠泉升为首座。大旅行家徐霞客认为云南安宁县北的碧玉泉是温泉中的第一，诗人杨慎写下"天下第一汤"的碑题。清人邢江把四川峨眉山金顶下的玉液泉推为"天下第一泉"，等等。

至此，曾被称为"天下第一"的水源至少有七处，即：中泠泉、谷帘泉、杞泉、黄河水、惠泉、碧玉泉和玉液泉。不过这七处在"决赛"的终审判决时统统被淘汰。总决赛是由乾隆皇帝发起的。为了"公正"地判定天下名泉的等次，他特制一个银斗，巡行天下时随驾携带，每到一处，便带领内侍精量当地名泉，比较重轻。衡量的结果是北京玉泉水最轻，于是，认定它为"天下第一泉"。

乾隆

天下第一泉的纷争暂告停止。玉泉在明代虽有名气，但还只是"京师第一"，靠了乾隆莫名其妙的"实验"，终于破格提升为全国第一。中泠泉原本在江心，无法立碑，乾隆判定后，则不宜再立，于是，老牌第一泉让位于新贵，让文人墨客登临凭吊时，徒增一份哀叹而已。杞泉、黄河水、惠泉、碧玉泉、玉液泉之类，只不过是极少数好事者摇旗呐喊，成不了气候。至于趵突泉，横插一杠子挤进“第一泉”，使用的是“障眼法”。实质上，趵突泉为济南七十二泉之冠，“第一泉”三字，含糊其辞，给人以天下第一的印象，又不会引起纷争，实在是用心良苦。

◇镇江中泠泉

滔滔长江流经古城镇江，金、焦两山屹立江面，左右分峙，浓淡各殊。金山之西，石弹山下，有中泠泉，也叫南零水。四周围以石栏，建有亭楼，这便是老牌的“天下第一泉”。奇怪的是，赫赫有名的第一泉，得名于唐代，石碑却是近代才立的。原来，这中泠泉本在长江中心盘涡深险之处。金山一带的长江水，分为三泠，即南泠、北泠和中泠，其中以中泠泉涌水最多，于是人们以中泠泉为其统称，即文天祥所说的“扬子江心第一泉”。清代后期，河山变迁，金山逐渐与陆地连在一起，中泠泉才“迁”上岸来，变成如今这个模样。

“天下第一泉”始终是个疑案，但是，古往今来，比较公认的，还是镇江的中泠泉。这其中有一件极有趣的事。中泠泉的盛名，由张又新的《煎茶水记》而来；张又新说动了千古以来天下人之心，靠的是一个传奇式的小故事。

唐代宗时期，湖州刺史李季卿在扬州一带遇到陆羽。李大人对陆羽的茶艺仰慕已久，就邀请陆羽到湖州去。途经扬子江边，便请陆羽煮茶，说是“陆君善于茶，盖天下闻名矣，况扬子南零水又殊绝，今者二妙千载一遇”。李大人命一位忠厚的军士坐船到江心取水。水来时，陆羽以勺扬水，说这虽是长江水，但不是南零水，而似岸边水。军士说，好几百人看着他深入取水，并没有作假。陆羽不说话，倒去半盆水，忽然停下，又以勺扬水，说：“自此南零者矣!”军士大惊，说：“我自南零至岸，船一颠簸，水倒一半，怕剩下太少，所以在岸边加了水。陆处士的鉴定是神鉴，不敢隐瞒。”李季卿及宾客都感到惊愕。

李季卿对陆羽十分叹服，要求他品评天下之水，遂引出上述的二十

镇江中泠泉

等之评。照此说来，中泠泉是水下涌泉，非得有特殊工具、专门技术，不能汲到真正的泠泉水，难怪陆放翁诗曰：“铜瓶愁汲中泠水，不见茶山九十翁。”

于是，有人弄不明白了，说：“余尝酌中泠，劣于惠山，殊不可解。”（陈继儒《太平清话》）其实，这位先生也真是太呆了，殊不知老子曰：“道可道，非常道。名可名，非常名……玄之又玄，众妙之门。”佛家禅宗云：“第一义不可说。”最高、最上的理是说不清、也不必说的，同样，最好的泉水也是不易取的、取不着的。中泠泉为天下第一，靠的就是这股“玄”劲。玄妙之中，也有它的自身逻辑：你说中泠水不佳，是因为你没有尝到真正的中泠水；如果你品尝不出味来，那是你没有陆羽的水平。你要是得到真正的中泠水，又是聪明得像茶圣一样的人，你就会明白，天下第一泉非中泠泉莫属。任何人都认为自己历尽辛劳，得到的是真品；任何人都不想当傻瓜，那么，中泠泉的天下第一就无法动摇、稳如泰山了。其实，说开了去，刘献廷公然违背“山水上，江水中”的基本原则，冒天下之大不韪，认定黄河之水“美过金山第一泉”，凭借的也是这个理儿。

这样一来，金山中泠泉第一把交椅的转让，也就容易理解了。从根本上说，不是乾隆称来称去的结果，而是它终于移到岸上来了。一旦易于汲取，便真相大白，头块招牌必敲破无疑。

◇无锡惠泉

惠泉为唐代的无锡县令敬澄于唐大历元年至十二年（766～777年）所开凿。惠泉因江苏无锡的惠山而得名。惠山的得名，是因为西域慧照和尚曾在此山结庐传道。惠泉分上、中、下池，以上池为最佳。

惠泉的第二把交椅一直坐得牢牢的，非但陆羽、刘伯刍不约而同评它为第二泉，而且历代文人、鉴赏家都交口赞誉，争相品饮。中唐诗人李绅称赞道："惠山书堂前，松竹之下，有泉甘爽，乃人间灵液，清鉴肌骨。漱开神滤，茶得此水，皆尽芳味也。"

名噪天下的惠泉，引发出不少故事。

相传，唐朝宰相李德裕精于茶理，尤爱以惠泉水煮茶，命人用坛封装，从无锡到长安设"递铺"（类似驿站的运输机构），奔波数千里，为他飞马传送惠泉水，劳民伤财。政敌也趁机向他攻击。一位云游和尚告诉他，惠山泉水虽然甘美，但从千里之外送到京师，水味早失；长安城内有一眼井，与惠山泉脉相通，完全可以用来代替惠泉之水。李德裕听了大笑，以为荒唐之言。和尚急了，说这口井就在城内吴天观常住库后边，不信请相公取来当场试验。李德裕当然不相信，便设了一个小圈套，让手下准备十瓶水，一瓶惠泉水，一瓶常住库后边的井水，其余八瓶则是一般的水，让和尚当场品尝。和尚不慌不忙，一一尝过，取出惠泉水与常住库水，说："这两瓶水水味相同，其余只是普通的水。"李德裕不由大为感叹，立即命令停止水递，于是"人不告劳，浮议乃弭"。从此，李德裕便长饮常住库的井水了。（见佚名

无锡惠山泉水

《玉泉子》）

晚唐诗人皮日休对此事十分气愤，作诗讥讽：“丞相常思煮茗时，群侯催发只嫌迟。吴国去国三千里，莫笑杨妃爱荔枝。”其实，皮日休大可不必如此认真，《玉泉子》这条“小道”到底是否准确，值得怀疑。《玉泉子》还记载李德裕毅然退掉十几片天柱茶的馈赠，两者岂不自相矛盾？当然，皮日休恐怕也是“醉翁之意不在酒”，他的矛头所指，实在是晚唐的一帮豪贵。

好了，反正惠泉水配上这么一个传奇故事，大大地出了名。

一出名，又产生连锁效应：北宋都城开封的达官显贵与文人学士，仿效李丞相当年豪举，不远千里，舟车载送，将惠泉水运到京都。他们没有驿马急递的权力，便摸索出一个“拆洗惠泉水”之法：将运到汴京的惠泉水，“用细沙淋过，则如新汲时”（周辉《轻波杂志》）。也就是用细沙过滤一下，去其杂质异味。于是，惠泉水被运到开封，成为珍品，是文人雅士之间馈赠的高档礼品。

到了明代，对惠泉的仰慕更是变本加厉。喝不到惠泉水，文人挖空心思“自制惠泉水”。据说是先把一般的泉水煮开，放在大缸里，把大缸放置在庭院阴处，阳光照不到的地方。到了月色皎洁的夜晚，打开缸盖。让它承受夜露的滋润。经过这样三个夜晚，用瓢轻轻地将水舀到瓷坛中。据说用此水煮茶“与惠泉无异”。（朱国桢《涌幢小品》）

那么，为什么惠泉如此神妙呢？有人从理论上进行探讨，认为“惠山泉清甘于二浙者，以其地有锡也”。（据清刘献廷《广阳杂

小贴士

朱国桢（1558～1632年），浙江吴兴（今湖州南浔）人，明万历首辅大臣。一生著述甚丰，主要有《明史概》、《大政记》、《涌幢小品》、《皇明纪传》等。

记》）锡为“五金之母”，根据五行轮转相生相克学说，“金生水”，金母自然生佳水。刘献廷又发挥一通说，“锡与茶之性最相宜”，锡瓶储茶叶，香气不散；锡壶煮水久，则土下沉皆成碱也。他又广征博引，说河南汝南一带，掏井之后，都掺以锡钱镇井，每口井用数千锡钱。有人问其中的缘故，一位老兵说：“这个地方多风沙，沙飞井口，人喝了会生大脖子病，掺入锡钱就是为了镇住沙土。”可是，振振有词的刘先生偏偏忘了，惠山旁是锡山，锡山古代产锡，才是正宗五金之母策源地，为什么天下第二泉逃之夭夭，躲到惠山去了呢?

自制惠山泉也好，锡能甘水也罢，都是缺乏科学根据的。但古人宁可信其有，不愿信其无。可是，种种传说推波助澜，使惠泉的名声越传越神，越叫越响。

◇苏州虎丘寺石泉水

苏州虎丘，又名海涌山，在江苏省苏州阊门外西北塘街，距城约3.5公里。春秋晚期，吴王阖闾葬后三日，有白虎蹲其上，故名虎丘。一说为“丘如蹲虎，以形名”。东晋时，司徒王珣和弟王珉在此创建别墅，后来王氏兄弟将其改为寺院，名虎丘寺，分东西二刹；唐代因避太祖李虎（李渊之祖父）名讳，改名为武丘报恩寺。武宗会昌年间寺毁。移往山顶重建时，将二刹合为一寺。其后该寺院屡经改建易名，规模宏伟，琳宫宝塔，重楼飞阁，曾被列为“五山十刹”之一。古人曾用“塔从林外出，

虎丘寺

山向寺中藏”来描绘虎丘的景色。苏州虎丘不仅以风景秀丽闻名遐迩，也以拥有天下名泉佳水著称于世。

据《苏州府志》记载，茶圣陆羽晚年，在德宗贞元时（约于贞元九年至十七八年间）曾长期寓居苏州虎丘，一边继续著书，一边研究茶学，研究水质对饮茶的影响。他发现虎丘山泉甘甜可口，遂即在虎丘山挖筑一石井，称为“陆羽井”，又称“陆羽泉”，并将其评为“天下第五泉”。据传，当时皇帝听到这一消息，曾把陆羽召进宫去，要他煮茶。皇帝喝后大加赞赏，于是封他为“茶圣”。陆羽还用虎丘泉水栽培苏州散茶，总结出一整套适宜苏州地理环境的栽茶、采茶的办法。由于陆羽的大力倡导，“苏州人饮茶成为习俗，百姓营生，种茶亦为一业”。

因虎丘泉水质清味美，继陆羽之后，又被唐代另一品泉家刘伯刍评为“天下第三泉”。于是虎丘石井泉就以“天下第三泉”名传于世。那么，这一泓天下名泉的具体地址究竟在哪里呢?如今来苏州虎丘的游人，有的往往因未能亲临其址，一品味美甘醇的古泉之水而引为憾事。

这久已闻名天下的“虎丘石泉水”，在颇有古幽神异色彩的“千人石”石侧的“冷香阁”北面。这一口古石井，井口约一丈见方，四面石壁，不连石底，井下清泉寒碧，终年不断。这即是陆羽当年寓居虎丘时开凿的那眼古石泉。在冷香阁内，今设有茶室。这里窗明几净，十分清雅，是游客小憩品茗之佳处。

◇谷帘泉

江西庐山康王谷中的谷帘泉，被茶圣陆羽评定为“天下第一泉”。康王谷又叫庐山垅，位于庐山中部偏西，是一条长7000米的狭长谷地，谷中涧流清澈见底，酷似陶渊明著的《桃花源记》中的清溪。康王谷中溪涧的源头，就是谷帘泉。谷帘泉来自大汉阳峰，从箬箕洼破空跌落，于枕石崖上喷洒散飞，纷纷数百缕，恰似一幅玉帘悬在空中，影影绰绰，飞挂170余米，谷帘泉经陆羽定为“天下第一泉”后名传四海。

谷帘泉水质纯正，清凉澄澈，甘美醇厚，可谓“绝品”。庐山直射光时间短，气候凉爽；山上所产茶叶，常年受云雾滋润，富含多酚类物质，叶质柔嫩，芽肥叶壮，郁香兼有清香，这就是驰名中外的庐山云雾，其与谷帘泉组成庐山上的“云雾茶叶谷帘泉”，被茶界称为“珠璧之美”。庐山云雾茶配以谷帘泉水，则味醇、色秀、香馨、液清。

◇安宁碧玉泉

云南是茶树原产地，更不乏名泉。茶之故乡的“天下第一汤”的云南安宁温泉，古称碧玉泉。泉水自螳螂川峡谷东岸的石灰岩壁下涌出，较大的天然泉眼有九处，每昼夜涌水量为1000余吨，最大时可达1万吨左右。泉水清澈透明，水质柔滑优良，属弱碳酸盐型温矿泉水，水温40℃～45℃左右，可浴可饮，浴则可治多种疾病，尤其对皮肤病、关节炎和慢性胃病患者疗效甚佳；饮则可沏茶煮茗，其味温醇可口，风味独特。

第一个把安宁温泉称为天下第一汤的人就是明代学者杨慎，他在《浴温泉序》中，赞叹云南温泉众多，“以安宁之碧玉泉为胜”，并为这个温泉归纳了七大特色：“滇池号曰黑水，虽盈尺不见底，而此特皓镜百尺，纤介毕呈，一也；四山壁起，中为石门，不凡（甃）甓，二也；浮垢自去，不待搁试，三也；苔污绝迹，不可掏渫，四也；温凉适宜，四时可浴，五也；掬而饮之，尤发苔颜，六也；盉酒增味，治庖省薪，七也；虽仙家三危

云南安宁温泉

之露，佛地八功之水，可以驾称之，四海第一汤也。”“温泉沏茶茶益香”，澄清如玉的碧玉泉水是我国温泉中极其难得的宜茶之水。

◇玉液泉

在奇秀的峨眉山上分布着众多的流泉飞瀑。神水阁前的玉液泉不仅湛碧秀色悦人，而且以绝奇的水品，被称之为“第一泉”。古人有“饮水诧得仙”之句，认为此泉水不同寻常，故把它称为神水，又名甘泉，1000多年来，神水遇旱不涸，终年不竭，在嶙峋石壁之中冒出来的一泓碧水，清澈明亮、光鉴照人，夏日用手一掬，冷气直透肌骨，喝了下去，只觉涤肠荡胃，浊气下沉，清气上升，如饮琼浆玉液，因此以“玉液”名泉。

后经科技人员考察鉴定，证明此泉水中含有微量的氡、二氧化硅等多种矿物质，泉水鲜美，对人体有保健作用。轻工部的食品专家们经过检测，也认为玉液泉最宜煮茶，并是一种极为难得的优质矿泉水。于是，各种使人强壮、延年益智的保健饮料脱颖而出，“玉液泉水峨眉茶”的盛誉也更为名扬远播。

◇黄山温泉

黄山温泉

黄山温泉位于安徽黄山紫云峰下。此泉水质纯净优良，无臭无色，澄澈甘甜，饮之可口。以它泡黄山毛峰茶，茶色清亮，微显金黄色，郁香持久，甘芳醇厚，余味无穷，堪称茶中绝品。饮后增进食欲，补中、健胃、提神。余茶放置一夜，杯中无茶垢。传说温泉水煎毛峰茶恰到好处时，便可出现“四步曲”：开始热气绕杯边一圈至杯心；接着呈直线上升30多厘米；然后在空中旋转一圈；最后又直线上升至消散。近年被评为国际名茶的黄山毛峰，配以驰名中外的黄山温泉水，可谓相得益彰。

◇济南趵突泉

趵突泉又名瀑流泉、槛泉。它出露于济南市旧城区的西南，趵突泉东西700米，南北250米，为古沥水发源之地。趵突泉被列为济南七十二泉之首。趵突泉得名“天下第一泉”，相传是乾隆皇帝游趵突泉时赐封的，水味清冽甘美。蒲松龄在《趵突泉赋》中写道：“尔其石中含窍，地下藏机，突三峰而直上，散碎锦而成绮。波汹涌而雷吼，势湏洞满而珠垂……海内之名泉第一，齐门之胜地无双。”沈复在《浮生六记》中说：“趵突泉为济南七十二泉之冠。泉分三眼，从地底忽涌突起，势如腾沸，凡泉皆从上而下，此独从下而上，亦一奇也。”

第四章

茶与茶具

茶艺

茶具源流

我国使用茶具的历史源远流长，茶具的种类也日益繁多。既有艺术欣赏价值，又具实用价值，因之驰名中外。作为饮茶专用工具，茶具也有一个演变的过程。

在原始社会，人类生活简单朴素。《韩非子•十遇》及《韩非子•五蠹》等篇，说到尧的生活是茅草屋、糙米饭、野菜根，饮食器具是土缶，以后才发明使用黑陶等。可见茶叶在最初的利用阶段，不可能有专用的茶具，大都是和其他食品共用器具，属一器多用。木制或陶制的碗，兼作饮茶的器具。

茶具的发展与陶瓷生产的发展密切相关。陶瓷的产生和发展是先陶后瓷，瓷是由陶发展而来的。浙江省余姚河姆渡第四文化层出土的陶器——夹炭黑陶，距今已有七千多年历史了，是新石器时代很早的陶器之一。

茶的烹用方法，也随着茶叶生产技术的改进和茶类的发展而不断变化。最早发现野生茶树叶，是采集鲜叶，在锅中烹煮成羹汤而食。这时候的烹饮方法和器皿很简单。春秋时代，茶叶作为蔬菜，与煮饭菜相同，没有什么特别的烹饮方法和器皿。当人类进入阶级社会以后，奴隶主和贵族阶级出现，形成有闲阶级，饮酒喝茶对器具有了新的要求，从而出现了专用的贮茶、煮茶和饮茶器具。

茶具的产生始于奴隶社会，当时主要的茶具有煮茶的锅、饮茶用的碗和贮茶用的罐等。随着时代的

小贴士

对于竹子茶盘的的保养，关键在于防止暴晒变形，但竹子喜水，所以茶海可以时常保持薄水滋润，经常使用的话，时常使用摩挲，长久可以使得竹子表面某些部分有一层包浆一般的较深色泽。

演变，茶叶的消费日广，因消费的茶类不同、习俗不同、消费对象不同，茶具的形式、茶具的配套或茶具的用料等，都不断地发生变化。

黑陶

到了奴隶社会和封建社会交替时期，饮茶以压制饼茶为主，这时除上述的烹煮、饮和贮藏用的茶具外，又添了炙、研末和浇汤用的器具。

秦汉时期，泡饮方法是将饼茶捣成碎末放入瓷壶并注入沸水，加上葱姜和橘子调味，饮茶已有简单的专用器皿。

近年来，在浙江上虞出土了一批东汉瓷器，其中有碗、壶、杯、茶盏、托具等。经北京故宫博物院，上海、浙江考古单位鉴定，这是世界上最早的瓷茶器。这对研究古代青瓷茶具有重要价值。

从秦汉到唐代，随着饮茶区域和习俗传播的扩大，人们对茶叶功用的认识提高，茶具越来越考究，越来越精巧。唐时，生活讲究的家庭都备有24件精致茶具，有全套的碾茶、泡茶、饮茶器具。同时还有收藏器具的精巧小橱柜，可以携带，以便与人斗茶。当时皇宫贵族家庭多用金属茶具，而民间以用陶瓷茶碗为主。那时瓷制茶碗主要有青釉、白釉两种。陆羽曾描述过，唐代的茶具连同附件共有25件之多。

宋代的茶具承袭唐代茶具，饮茶用茶盏，流行黑釉建盏；发明了茶筅；青瓷茶具盛行。《清波杂志》曰："凡茶宜锡，窃意若以锡为合，适用而不侈，贴以纸则茶味易损……"

宋末开始，出现蒸青散茶制法。饮用散茶时，不碾成碎末，全叶冲泡；不用盐味，重视茶叶固有的香味。蔡襄在皇祐元年至五年（1049～1053年）间写的《茶录》是当时的茶论代表作。在下篇"器论"中，详述了茶焙、茶筅、砧椎、茶罗、茶盏、茶匙、汤瓶的性质、用法与茶汤品质的关系。南宋时代多饮团饼茶，饮用时需要将团饼茶碾研、过筛，而后烹煮。

南宋《茶具图赞》记载的十二先生，即备茶和饮茶时用的12种茶具。它们是：韦鸿胪（茶炉），木待制（茶槌），金法曹（茶碾），石转运（茶磨），胡员外（茶瓢），罗枢密（茶罗），宗从事（茶帚），漆雕秘阁（茶托），陶宝文（茶碗），汤提点（茶注），竺副师（茶筅），司职方（茶巾）。

用紫砂作茶具始见于北宋欧阳修《和梅公仪尝茶》诗："喜共紫瓯吟且酌，羡君潇洒有余清。"

紫砂茶具中以茶壶最为名贵。宋代诗人苏轼谪居宜兴时，提梁式的紫砂茶壶被命名为"东坡壶"，沿用至今。1968年南京吴经墓中发现的紫砂提梁壶是明嘉靖时的殉葬物，已是稀罕古董。

宋时皇帝御前赐茶，皆不用盏，而用大汤瓷。其色正白，但其制样，似铜叶汤瓷耳，铜叶黄褐色。《东坡后集》从驾景灵宫诗曰："病贪赐茗浮铜叶"，说的就是这个意思。

相比宫廷，宋代民间饮茶一般使用茶盏，茶盏口敞小底，有黑釉、酱釉、青白釉及白釉等多种。

宋朝烧制茶具的茶窑主要有官窑、哥窑、汝窑、定窑、钧窑。官窑在杭州；哥窑在浙江龙泉；汝窑在今河南省临汝县（古属汝州）；定窑在今河北省曲阳县，古属定州，故有定窑之名；钧窑在河南禹县神后镇，禹县古名钧州。

元代茶具较之宋代，主要是在壶嘴（当时称流子）上有了变化。宋代流子通常在肩部，元代多移至腹部。这时江西景德镇青花瓶异峰突起，闻名于世。青花瓶不仅国人珍爱，而且远销国外，特别是日本。因"茶汤之祖"珠光氏特别喜爱这种茶具，后来青花茶具又被定名为"珠光青瓷"。天目茶碗也传至日本。12世纪至14世纪，日本佛僧到我国天目山

宋代诗人苏轼雕塑

佛寺留学，曾带回天目山的茶碗。这种茶碗施有黑釉，因此在日本，人们把这种带黑釉的陶瓷通称为天目瓷。天目茶碗有黄天目、白天目、黄践、曜变、油滴鳖盏、灰潜兔毛盏等。

明代时兴喝散茶，因而白瓷茶具很受欢迎。当时许多的瓷窑多生产小而精巧、色白的茶具。同时还出现了一种“茶洗”，开头如碗和盅，底部有孔，是饮茶之前用来冲洗茶叶的。明代中期以后，又出现了用瓷壶和紫砂壶的风尚。

现代茶托

清人的茶具除陶土茶具、瓷器茶具、竹木茶具外，还有了漆器茶具。广州织金彩瓷、福州脱胎漆器等茶具相继而起。京师则自有独特的高雅茶具。老北京大家贵族、宫室皇廷，乃至以后许多高档茶馆，皆重盖碗茶。此茶杯一式三件，下有托，中有碗，上置盖。盖碗又称“三才碗”。三才者，天、地、人也。茶盖在上，谓之“天”；茶托在下，谓之“地”；茶碗居中，是为“人”。一副茶具便寄寓一个小天地、小宇宙，包含古代哲人“天盖之，地载之，人育之”的道理。

茶托也称作“茶船”，传说由唐代西川节度使崔宁之女首造。开始时是木托，后以漆制，因而称作茶船。但考古发现，茶托的出现应当更早，所以崔宁之女创茶船之说也只能作为故事传说来看。盖碗茶具有许多花样，常绘山水花鸟，多出名人手笔。碗内又绘避火图。有的连同茶托为十二式；也有的十二碗加十二托，为二十四式，以备茶会之用。清代茶托花样繁多，有圆形、荷叶形、元宝形，等等。北京气候高寒，茶具以保温为要，所以盖碗茶具一时风行。此风一起，影响各地。尤其是四川等地，大街小巷，处处茶馆皆备盖碗茶，至今特色不减。

明清以后，茶具除了强调实用性，还强调工艺性。许多家庭喜欢摆一套精美茶具，有客来则沏一壶好茶，列杯分茗，既是亲朋情谊，又是艺术品陈列欣赏。中国人茶艺观念可以说已深入千家万户。

由于现代生活节奏的加快，饮料变得异常丰富。在人们的饮食结构有了很大改变的今天，人们难得有心情、有时间去享受茶给人们带来的那一份清闲，所以茶具的使用在现代生活中已变得不再那么重要。但为了满足大众的需求，茶具在设计上更加美观，产品模式上更加新颖，材料的选用上更加多样，做工上更加精细。年轻人多喜欢式样新颖、表现自己个性的茶具；中年人挑选与自己身份地位相符的茶具；而老年人则从健康长寿出发，更多选用闻名中外的宜兴紫砂陶壶和景德镇的瓷壶。

茶具美韵

古今茶人，在品赏茶之韵味的同时，大都亦注重茶具韵味，讲究“壶添品茗情趣，茶增壶艺价值”。认为好茶好壶，相映生辉。对一个爱茶人来说，不仅要会选择好茶，还要会选配好茶具。大文豪苏东坡在江苏宜兴讲学时，曾自己设计了一种提梁式的紫砂壶，“松风竹炉，提壶相呼”，独自烹茶品赏。这种提梁壶，至今仍为茶人所推崇。清代江苏溧阳知县陈曼生，爱茶尚壶。他工诗文，擅书画、篆刻，于是去宜兴与制壶高手杨彭年合作制壶，由陈曼生设计，杨彭年制作，再由陈曼生镌刻书画，作品人称“曼生壶”，为鉴赏家所珍藏。

紫砂茶具

茶具之韵，可从茶具质地、茶具形状、茶具性能等方面加以品赏。由于地域、时期的关系，不同的茶人对于茶具的韵味都各有不同的体会。如同为明代的两位茶人，前有张源认为：“茶瓯以白磁为上，蓝者次之”（《茶录》，约1595年），比较注重茶器与茶汤色泽的对比，而47年后的冯可宾则说道：“茶壶窑器为上，锡次之。茶杯汝、官、哥、定，如未可多得，则适意者为佳耳。或问茶壶毕竟宜大宜小？茶壶以小为贵，每客小壶一把，任其自斟自饮，方为得趣。何也？壶小则香不涣散，味不耽搁，况茶中香味，不先不后，只有一时。太早则未足，太迟则已过。见得恰好，一泻而尽。化而裁之，存乎其人，施于他茶亦无不可。”（《茶笺》，约1642年），可见此时的明朝茶人更强调茶器、茶叶相配得体，更注重品尝到真正的茶汤味。

◇紫砂壶品茶味

爱茶者莫不爱紫砂，紫砂之于茶，犹如绿叶红花。紫砂茶具，始于宋代，盛于明清。北宋梅尧臣在诗中说道：“小石冷泉留早味，紫泥新品泛春华”；欧阳修也云：“喜共紫瓯吟且酌，羡君潇洒有余清”，可见紫砂自其产生就成为文人雅士之挚爱，成为高雅、情趣、品位的象征。据说，北宋大诗人苏轼在江苏宜兴讲学时，好饮茶，为便于外出时烹茶，曾烧制过由他自行设计的提梁式紫砂壶，以试茶审味，后人称它为“东坡壶”或是“提梁壶”。苏轼曾诗云：“银瓶泻油浮蚁酒，紫碗莆粟盘龙茶”，优美地记录了诗人悠闲的紫砂生活。

小贴士

茶叶保存妙法：绿茶是所有茶类中最易陈化变质的茶，极易失去光润的色泽及特有的香气。一次长时间存放的绿茶即使没有开封也会失去香味，因此应趁新鲜时饮用，在室温下保存期约为一年，开封后应倒入密闭的容器内，并且应该在一个月以内用完。

吸引古今无数茶人雅士歌之咏之赏之藏之的紫砂到底具有

什么样的特殊魅力，让茶人为之着迷呢？宜兴紫砂茶具之所以受到茶人的钟情，除了这种茶具风格多样，造型多变，富含文化品位，在茶具世界中别具一格外，更因了这种茶具的质地特别适合泡茶。对于紫砂茶具泡茶时的杰出表现，后人总结为“泡茶不走味，贮茶不变色，盛暑不易馊”。目前我国的紫砂茶具，质量以产于江苏宜兴的为最，与其毗邻的浙江长兴亦有生产。紫砂茶具属陶器茶具，取一种特殊陶土紫金泥烧制而成。这种陶土，含铁量大，有良好的可塑性，烧制温度以1150℃左右为宜，制成的紫砂音粗韵长，质地致密，既不渗漏，又有肉眼看不见的气孔，能吸附茶汁，蕴蓄茶味，且传热缓慢，不易烫手，用紫砂来煮茶，也不会爆裂。长时间使用后，壶体的颜色还会变得越来越自然，而在壶内泡着的茶会渗进壶体内，使壶蕴涵茶味。一般认为紫砂茶具用来泡乌龙茶、铁观音等半发酵茶更能展现茶味特色。

◇玻璃杯赏茶姿

玻璃茶具，晶莹剔透，透明度高，用它冲泡高级细嫩绿茶，茶叶在杯中的舒展姿态及诱人的茶汤茶色历历在目，只见茶芽朵朵、亭亭玉立，或旗枪交错、上下浮沉，在第一时间愉悦了茶人的视觉感受，极大增加饮茶情趣。玻璃的质地透明、传热快、不透气，以玻璃杯泡茶，茶叶在整个冲泡过程中的上下浮动、叶片逐渐舒展的情形以及吐露的茶汤颜色，均让茶人一览无余，赏心悦目。

玻璃茶具

用玻璃杯冲泡龙井、碧螺春、庐山云雾等绿茶时，可先将开水冲入杯中，再取茶投入，一般不须加盖，茶叶便会自动下沉，但有先有后，有的直线下沉，有的则徘徊缓下，有的上下沉浮后降至杯底。干茶吸收水分，逐渐展开叶芽，芽似枪、剑，叶如旗。汤面水汽夹着茶香缕缕上升，如云蒸霞蔚。趁热嗅闻茶汤香气，令人心旷神怡；观察茶汤颜色，或黄绿碧清，或乳白微绿，或淡绿微黄……隔杯对着阳光透视，还可见到汤中有细茸毫沉浮游动，闪闪发光。待茶汤凉至适口，即可小口品啜，慢慢吞咽，让茶汤与舌头味蕾充分接触，细细领略名茶风韵。

茶具选择

“工欲善其事，必先利其器”。我们在泡茶时不仅要讲究茶叶的色、香、味、形，泡茶用水的清、净、甘、洌，还必须具备一套适合的茶具。

◇茶具的多种选择

随着时代的进步和饮茶方式的变化，茶具的种类也在不断变化。唐代陆羽的贮茶、煮茶、饮茶用具有24件之多，而现代，盛行于闽粤地区的功夫茶具只有四种，即潮汕风炉、玉书碨、孟臣罐、若琛瓯，而喜爱喝花茶的人们所钟爱的盖碗，三才一体，更为简练、美观、实用。

钧窑茶具

一般人们通常使用的茶具有茶壶、茶杯、茶碗、茶盏、杯托、托盘等，它们质地迥异，形式复杂，花色丰富，按材质的不同，有陶土茶具、瓷器茶具、漆器茶具、玻璃茶具、金属茶具、竹木茶具等。因此，家庭用茶具可选性较大，各类茶具各具特色，除了根据冲泡茶叶的品质特性适当地选择合适的茶具外，一般家庭选用茶具首先应明确一点，那就是这些茶具是实用的还是收藏用的。比如说，现代家庭所用茶具大多以紫砂、陶瓷、玻璃为主，但是目前市场上还有用玉石、水晶、玛瑙、麦饭石等材料制作茶具的，这些器具价格昂贵，制作困难，不具有很大的实用价值，主要作为礼品或摆设，供人们观赏、收藏而已。

茶具分为两种，一种是重在收藏价值的工艺美术品，一种是偏向于使用价值的日用品。以紫砂壶为例，有些紫砂壶就具有收藏价值。紫砂色泽含蓄温雅，具有高贵的气质，与古代文人清雅气质相吻合，因而备受青睐。许多文人雅士竞相收藏，并且参与制作，现在被人们熟知的东坡提梁大壶相传就是当年苏东坡设计的。

紫砂壶

明清时许多著名文人都参与了紫砂壶的制作和书画。如董其昌、郑板桥、陈鸿寿、陈继儒等。文人参与紫砂壶的制作，对紫砂壶的发展产生了极大的推进作用。不少文人在订制紫砂壶或提供图样后，不是提出自己的看法和意见，就是亲自监制。他们的喜好意趣对制壶工匠潜移默化，提高了他们的审美和鉴赏水平，特别是有一定文化的工匠受到文人的启发，在创作上展现出新貌。这其中要首举清代金石书画家陈鸿寿（曼生）了，是他推动了在紫砂茶壶上题铭画刻之方法，极大地提高了紫砂陶的艺术和文化品位，将这种实用手工艺品演化成具有很高收藏、欣赏价值的艺术品。

清人汪文柏赠给当时紫砂壶名家陈鸣远的一首《陶器行》诗里，有“人间珠玉安足取，岂如阳羡溪头一丸土”的赞句，可见宜兴紫砂的身价是非常高的。究竟值多少钱呢？名人周澍说：“供春小壶一具，用之数年，则值金一笏。”到了清代康熙年间，也是“一具尚值三千缗”（陈其年《赠高澹人诗》，见《阳羡名陶录》）。可见名家出品价格尤高。再往后，则凡是明代名家所制的紫砂壶，不仅“价埒金玉”，而且“已为四方好事者收藏殆尽”（吴梅鼎《阳羡名壶录》）。不仅如此，甚至一些残破的紫砂壶，也有人愿意出价收购。

同样，瓷茶具也可买回收藏。江西景德镇所产的薄胎瓷器素有“薄如纸，白如雪，明如镜，声如磬”的美誉。瓷器茶具又可分为白瓷茶具、青瓷茶具和黑瓷茶具等。

白瓷，早在唐代就有假玉器之称。北宋时，景德窑生产的瓷器质薄光润，白里泛青，雅致悦目，并有影青刻花、印花和褐色点彩装饰。

到元代，景德镇因烧制青花瓷而闻名于世。青花瓷茶具，幽靓典雅，不仅为国内所共珍，也颇受国外人士的青睐。

明朝时，在永乐、宣德青花瓷的基础上，又创造了各种彩瓷，产品造型精巧，胎质细腻，彩色鲜丽，画意生动。在明代嘉靖、万历年间被视同拱璧。明代刘侗、于奕正著的《帝京景物略》一书中有“成杯一双，值十万钱”之说。

清代各地制瓷名手云集景德镇，制瓷技术又有不少创新。在雍正时，珐琅彩瓷茶具胎质洁白，通体透明，薄如蛋壳，已达到了纯乎见釉，不见胎骨的完美程度。这种瓷器对着光可以从背面看到胎面上的彩绘纹图，有如“透轻云望明月”，“隔淡雾看青山”。制作之巧，令人惊叹。

白瓷以江西景德镇产的最为著名，其次如福建德化、河北唐山、山东淄博、安徽祁门的白瓷茶具等也很有特色。

此外，传统的“广彩”茶具也非常有名，其构图花饰严谨，闪烁有光，人物古雅有致，加上

广彩茶具

茶具保养小妙招：彻底将紫砂壶内外清洗干净；无论是新壶还是旧壶，使用之前要把壶身上的蜡、油迹、污渍和茶垢清洗干净。

施金加彩，宛如千丝万缕的金丝彩线交织于锦缎之上，显示出金碧辉煌、雍容华贵的气派。

青瓷茶具从晋代就开始发展，那时青瓷的主要产地在浙江。由于宋代瓷窑的竞争，技术的提高，使得茶具种类增加，出产的茶壶、茶碗、茶盏、茶杯、茶盘等品种繁多，式样各异、色彩雅丽，风格大不相同。

浙江龙泉青瓷，以造型古朴挺健，釉色翠青如玉著称于世，特别是造瓷艺人章生一、章生二兄弟俩的“哥窑”、“弟窑”，继越窑有发展，学官窑有创新，因而产品质量突飞猛进，无论釉色或造型都达到了极高造诣。因此，哥窑被列为五大名窑之一，弟窑亦被誉为名窑之巨擘。

哥窑瓷胎薄质坚，釉层饱满，色泽静穆，有粉青、翠青、灰青、蟹壳青等，以粉青最为名贵。釉面显现纹片，纹片形状多样。纹片大小相间的，称为文武片，有细眼似的叫鱼子纹，类似冰裂状的称百圾碎，这本来是因釉原料收缩系数不同而产生的一种疵病，但人们喜爱它自然、美观，反而成了别具风格的特殊美。它的另一特点是器脚露胎，胎骨如铁，口部釉隐现紫色，因而有紫口铁脚之称。

从宋代起，龙泉青瓷不仅是国内畅销产品，也已成为重要出口商品。哥窑的青瓷茶具，于16世纪首次远销欧洲市场，立即引起人们的极大兴趣。

宋代福建斗茶之风盛行，斗茶者们根据经验认为建安窑所产的黑瓷茶盏用来斗茶最为适宜。宋蔡襄《茶录》说：“茶色白，宜黑盏，建安所造者绀黑，纹如兔毫，其坯微厚，熁之久热难冷，最为要用。出他处者，或薄或色紫，皆不及也。其青白盏，斗试家自不用。”这种黑瓷兔毫茶盏，风格独特，古朴雅致，而且磁质厚重，保温性能较好，故为斗茶行家所珍爱。

浙江余姚、德清一带也曾出产过漆黑光亮、美观实用的黑釉瓷茶具，最流行的是一种鸡头壶，即茶壶的嘴呈鸡头状，日本东京国立博物馆至今还存有一件，名叫天鸡壶，被视作珍宝。

黑釉瓷茶具

当然，家庭如果没有收藏的打算，可购买市场上普通的茶具。目前我国茶具，仍以景瓷和宜陶最为人们喜爱和广泛使用，景瓷顾名思义就是江西景德镇生产的瓷器。当然，福建德化、河北唐山、山东淄博、浙江龙泉等地出产的瓷器也不逊色。

宜陶则指江苏宜兴特有的紫砂陶，以紫砂陶制成的紫砂壶及其他各种饮茶器具以其特有的透气性和可塑性强等特点在茶具市场中经久不衰。

近两年由于人们追求返璞归真的生活情调，以竹或木制成的茶艺器具开始为人们所喜爱，其产地主要集中在江苏、浙江、福建等地。

茶具的配备，要因茶制宜，因具制宜，也就是既要考虑茶类特性也要考虑茶具特色。历史上，有关选配茶具的记述是很多的。唐代陆羽通过对各地所产瓷器茶具的比较后认为："邢（今河北巨鹿、广宗以西，河以南沙河以北地方）不如越（今浙江绍兴、萧山、浦江、上虞、余姚等地）。"这是因为唐代人们喝的是饼茶，茶须烤炙研碎后，再经煎煮而成，这种茶的茶汤呈白红色，即淡红色。一旦茶汤倾入瓷茶具后，汤色就会因瓷色的不同而起变化。"邢州瓷白，茶色红；寿州（今安徽寿县、六安、霍山等地）瓷黄，茶色紫；洪州（今江西修水、锦江流域和南昌、丰城、进贤等地）瓷褐，茶色黑，悉不宜茶。"而越瓷为青色，倾入淡红色的茶汤，呈绿色。陆氏从茶叶欣赏的角度，提出了"青则益茶"，认为以青色越瓷茶具为上品。而唐代的皮日休和陆龟蒙则从茶具欣赏的角度提出了茶具以色泽如玉，又有画饰的为最佳。

从宋代开始，饮茶习惯逐渐由煎煮改为点注，团茶研碎经点注后，茶汤色泽已近白色了。这样，唐时推崇的青色茶碗也就无法衬托出白的色泽。而此时作为饮茶的碗已改为盏，这样对盏色的要求也就起了变化，认为黑釉茶盏才能反映出茶汤的色泽。

明代初期，时人以饮散茶为主。茶汤已由宋代的白色变为黄白色，茶盏自然不能再是黑色，而是时尚白色。对此，明代的屠隆就认为茶盏“莹白如玉，可试茶色”。明代中期以后，由于瓷器茶壶和紫砂茶具的兴起，茶汤与茶具色泽不再有直接的对比与衬托关系。人们逐渐将注意力转移到茶汤韵味上来，这样，人们对茶具尤其是茶壶色泽计较得更少，而是追求壶的雅趣。

进入清代，茶具品种、形状、色彩愈益丰富多彩，茶具往往还被配以诗、书、画、雕等艺术，从而把茶具制作推向新的高度。而茶类品种越来越多，又使人们对茶具的种类与色泽，质地与式样，以及茶具的轻重、厚薄、大小等，提出了新的要求。一般说，饮用花茶，为有利于香气的保持，可用壶泡茶，然后斟入瓷杯饮用。饮用大宗红茶和绿茶，注重茶的韵味，可选用有盖的壶、杯或碗泡茶；饮用乌龙茶则重在啜，宜用紫砂茶具泡茶；饮用红碎茶与功夫红茶，可用瓷壶或紫砂壶来泡茶，然后将茶汤倒入白瓷杯中饮用。如果是品饮西湖龙井、洞庭碧螺春、君山银针、黄山毛峰等细嫩名茶，则用玻璃杯直接冲泡最为理想。

瓷器茶壶

现代社会玻琉器皿有较大的发展。玻璃质地透明，光泽夺目，外形可塑性大，形态各异，用途广泛。玻璃杯泡茶，茶汤的鲜艳色泽，茶叶的细嫩柔软，茶叶在整个冲泡过程中的上下穿动，叶片的逐渐舒展等，可以一览无余，可说是一种动态的艺术欣赏。特别是冲泡各类名茶，茶具晶莹剔透，杯中澄清碧绿，芽叶朵朵，亭亭玉立，观之赏心悦目，别有风趣。现在，玻璃茶具品种不断丰富，除玻璃杯外，还有玻璃茶壶，玻璃烧水壶，玻璃同心杯，玻璃盖碗等，如用玻璃小品杯品饮重发酵的茶汤（如红茶、普洱茶），其观赏效果较其他茶具更胜一筹。但是，玻璃器具有容易破碎、易烫手的缺点。

至于其他细嫩名优绿茶，除选用玻璃杯冲泡外，也可选用白色瓷杯冲泡饮用。但不论冲泡何种细嫩名优绿茶，茶杯均宜小不宜大，大则水量多，热量大，首先会将茶叶泡熟，使茶叶色泽失却绿翠；其次会使芽叶软化，不能在汤中林立，失去姿态；再次会使茶香减弱，甚至产生熟汤味。此外，冲泡红茶、绿茶、黄茶、白茶，使用盖碗，也是可取的。在我国民间，还有“老茶壶泡，嫩茶杯冲”之说。这是因为较粗老的老叶，用壶冲泡，一则可保持热量，有利于茶叶中的水浸出物溶解于茶汤，提高茶汤中的可利用部分；二则较粗老茶叶缺乏观赏价值，用来敬客，不大雅观，这样，还可避免失礼之嫌。而细嫩的茶叶，用杯冲泡，一目了然，同时可收到物质享受和精神欣赏之美。

选用茶具时，有三个方面应该注意：一是实用性；二是欣赏价值；三是要有利于茶性的发挥。质地不同，茶具的性能也是不一样的。大抵说来，瓷茶具保温、传热适中，能较好地保持茶叶的色、香、味、形之美，而且洁白卫生，不污染茶汤。如果加上图文装饰，又含艺术欣赏价值。紫砂茶具既无熟汤味，又可保持茶的真香，而且保温性能好，哪怕在盛夏酷暑，茶汤亦不易变质发馊。但紫砂茶具色泽多数深暗，用它泡茶，不论是红茶、绿茶、乌龙茶，还是黄茶、白茶和黑茶，对茶叶汤色均不能起衬托作用，对外形美观的茶叶，也难以观姿察色，这是其缺陷。玻璃茶具，透明度高，用它冲泡高级细嫩名茶，茶姿汤色历历在目，可增加饮茶情趣，但它传热快，不透气，茶香容易散失，所以，用玻璃杯泡花茶，不是很适合。搪瓷茶具，具有坚固耐用，携带方便等优点，所以在车间、工地、田间，甚至出差旅行，常用它来饮茶，但它易灼手烫口，也不宜用它泡茶待客。塑料茶具，多数带有异味，最好不用。另外，还有一种无色、无味、透明的一次性塑料软杯，在旅途中用来泡茶也时有所见，那是为了卫生和方便旅客，杯子又经过特殊处理，这与通常的塑料茶具相比，应另当别论了。近些年，在市场上还出现一种保暖茶具，因其会使茶叶泡熟而使茶汤泛红，茶香低沉，失却鲜爽味，大多用来冲泡大宗茶或较粗老的茶叶，而不适合对品茗有较高要求的人。

搪瓷茶具

选择实用型茶具还要考虑配套原则。福建及广东潮州、汕头一带，习惯于用小杯啜乌龙茶，选用烹茶四宝——潮汕风炉、玉书碨、孟臣罐、若琛瓯泡茶，即传统功夫茶，以鉴赏茶的韵味。潮汕风炉是一只缩小了的粗陶炭炉，专作加热之用；玉书碨是一把缩小了的瓦陶壶，高柄长嘴，架在风炉之上，专作烧水之用；孟臣罐是一把比普通茶壶小一些的紫砂壶，专作泡茶之用；若琛瓯是只有半个乒乓球大小的2～4只小茶杯，每只只能容纳4毫升茶汤，专供品茶之用。

小贴士

茶具保养小妙招：紫砂壶一旦沾上油污，必须马上清洗，否则油渍不仅会渗到紫砂壶的土胎上留下油痕，而且不利于土胎吸收水分。

一般家庭使用的茶具也要配套，以一套紫砂茶具为例：

紫砂壶——泡茶的主要器皿。所用壶之大小视饮茶人数而定，泡茶时将茶叶放入壶中，再注入开水，将壶盖盖好，茶汤泡好后，倒入茶杯中饮用。

煮水器——由水壶（多为提梁壶）和茗炉组成，用来烧开水泡茶。古代茗炉多以木炭为燃料，现代炉座中多放置酒精灯或电炉代之。

茶杯——装浸泡好的茶汤，供直接饮用的器具。茶杯有大小之分，大杯多用于品饮绿茶、花茶等，小杯则用来品饮乌龙茶、普洱茶等发酵程度较高的茶。杯身内侧多施白釉，以便于观赏茶汤颜色。

闻香杯——专门用于闻茶香的直筒小杯。将泡好的茶汤先倒入闻香杯，再由闻香杯倒入品茗杯，然后闻闻香杯中的余香。闻香杯为台湾人所发明，主要用于品饮乌龙茶等浓度较高的茶。

杯托——也称杯垫，用以垫托茶杯的器具。将茶杯放置于杯托上，避免茶汤洒落于桌面。

盖碗——配有盖和托的茶碗，主要用于品饮花茶及绿茶，有些碗内壁施以白釉。

茶荷——也称茶则，系从茶叶罐中盛取干茶的器具，用于欣赏干茶的外形及品尝茶香。

茶海——也称茶盅，用于中和茶汤，使之浓淡均匀。外形似西方咖啡具中装牛奶的小罐子，将茶壶中泡好的茶汤先倒入茶海中，然后再分别倒入客人的茶杯里，使每一位客人的茶汤浓淡一致，这是近年来港台茶艺界创新的茶具。

茶海

茶船——也称茶承，扁圆的盆状器皿，也有双层的，上层有孔，泡茶时将茶壶置于其中或上面，多余的水便存于池中。

水盂——种小型无盖罐子，用于贮放废弃之水或茶渣。

茶叶罐——存贮茶叶的罐子。一般要求罐口密封严实。

此外，用玻璃茶具泡茶的配套用具有：玻璃杯、茶船、随手泡等。用瓷壶茶具泡茶的配套茶具有准备瓷壶、品茗杯、盖置、杯托、茶船（水方）、随水泡等。用盖碗茶具泡茶的茶具有盖碗、茶船（水方）、随水泡等。

总之，茶具配置的原则是：实用、简单、洁净、优美。强调茶具的实用性，是由其内在的科学性决定的。例如紫砂茶壶，壶口与壶嘴齐平、出水流畅如注、壶与盖接缝紧密等细节，是决定这把茶壶使用时是否得心应手的关键，至于造型沉稳典雅则在其次。简单，代表一种从容的心态。即使是一只普通玻璃杯，也是好的。茶具要勤加擦拭，不论使用与否，都要经常保持茶具的洁净。茶具的造型最好也要给人以美的感觉。

饮茶有清饮和调饮之分。清饮即一般的茶加水，而调饮指在茶中加入其他的调料的饮法。由于制作方法不同，清饮茶与调饮茶的基本用具也不同。比如冰茶调饮的主要用具有盛茶用的玻璃杯、带夹的冰块缸、带匙的糖缸、冷却壶、有胆的滤壶、开水壶等。红茶调饮的茶具除烧水壶、泡茶壶外，盛茶杯多用带柄带托瓷杯。

一般的调饮茶用具有去盖的盖碗、配料缸（带匙）、茶样罐、插茶匙及箸的箸筒、茶巾盘、赏茶盘、箸架、开水壶等。除了一些泡茶必备的器具如茶样罐、开水壶、茶匙筒之外，调饮茶的茶具多为玻璃制或瓷制，如玻璃杯、盖碗等。此外，还增添了一些盛放调饮配料的器具，如冰块缸、糖缸等配料缸。这些配料缸都配有专门的取料器具，如夹冰块的夹子、取糖的糖匙等。调制冰茶的器具中还有专用的冷却壶、有胆的滤壶，可见调饮茶的器具应根据调饮配料的多少以及调配所需而有所增减。

◇紫砂茶具的选购和养护

紫砂茶具在选购上有许多技巧。从总体上说，选择紫砂茶具首先应考虑它的实用价值，其次才是它的欣赏价值，即外观的形态美。以壶为例，具体要从质地、精密度、出水、重心和壶味五个方面入手，还应注意把握以下各点：容积和重量比例恰当，壶把提用方便，造型、色地和图案脱俗和谐，实用和艺术美得到融洽的结合。

茶壶的质地主要是看骨胎即色泽，骨胎坚、色泽润为佳，在程度上越接近这种质地越好。在选用新壶验别胎骨坚硬性时，可将壶置于手掌上，轻拨壶盖，听其壶声，若发出铿锵清脆声音，表示壶的质地良好。音响迟钝，劲道不足，导热效果稍逊；但若音高尖锐，则逼热过甚。

紫砂茶具

壶的精密度是指壶盖与壶身的紧密程度，密合度越高越好。测定方法是在茶壶中注水半壶以上。如果滴水不漏，表示此壶的密合度很好，壶口和壶盖的密合度高，泡茶时才能将茶叶散发的香气凝聚，保持茶香。倾壶倒水，能使壶里滴水不存为佳。至于出水态势，是刚直或柔和曲美，随个人喜好而定。但无论刚或柔，出水无劲、不顺都是缺点。注满水时，握住并提起壶把，若觉得重心适中，壶把粗细和弯度适宜不碍手，便是一把好壶。反之若需用力紧握，甚至持壶不稳则不佳。在选购新壶时，应注意闻闻壶中气味，新壶有些也许会略带瓦味，这倒还可选用，但若带火烧味或其他杂味，如油味或人工着色味则不足取。

对于新购的紫砂壶，要进行细致的养护后才能使用。

一是整修内部。通常中档以下的紫砂壶多半会有一些不算瑕疵的小毛病，大多可以自行排除。例如气孔若被泥屑堵塞住，易影响出水的顺畅，可以用钢针或尖钻小心将其剔除；又如壶身内壁或流孔接续处若残存泥屑，则易卡住较小的茶叶片，形成藏污纳垢的死角，此时可用小钢锉及砂纸，细加修整磨拭，以免造成日后使用的困扰。

二是去蜡醒壶。这道手续的目的有三：其一是因新壶在出厂、装运、展示过程中，常会附着一些尘土、包装屑（尤其是花货）；另外，有些茶壶里面仍留存着白色的铝粉（此为隔离用的耐火物，入窑烧坯前先撒布于壶盖内沿，可避免壶盖与壶身烧结在一起分不开），以上这些异物均应于事前加以清除。其二，新壶出窑后，未识茶味，火气、土气仍重，若不先行去除，将有碍茶汤的品评。其三，经营者常会在初出炉的砂壶表面打上一层蜡油，以增加光泽，美化卖相。这层油性异物不但堵塞了壶表的毛细孔，更形成一层保护膜，不受茶水，如未予去除，则养壶势必徒劳无功!

三是水煮刷拭。水煮法就是将壶盖与壶身分开投入到干净无杂味的锅里，注入高过壶身的清水，用文火慢慢加热至沸腾。待水沸腾之后，取一把比较耐煮的重焙火茶叶投入锅中熬煮，数分钟后捞起茶渣，继续以小火慢炖砂壶和茶汤。二三十分钟后，用竹筷小心将茶壶起锅，净置退温（勿冲冷水）。最后再以清水冲洗壶身内外，除尽残留的茶渣，即可正式启用。这种水煮法的主要功能除了去蜡醒壶外，还可让壶身的气孔结构，借热胀冷缩而释放出所含的土味及杂质，施行得宜，会有助于日后泡茶养壶。刷拭法是较为简便的方法，先用温水暖壶后，再将沸水盛满茶壶，并用热水浇淋壶身表面，使全壶保持高温状态。持软毛牙刷沾上牙膏，将全壶内外彻底刷上几遍，最后用热水冲去泡沫，即可去除土味及蜡质。刷拭法的优点是简单方便，在茶桌上即可操作，缺点是效果不如水煮法彻底。

对于一些二手壶、老壶、旧壶、出土壶，在处理上更需谨慎，这些壶需要重新处理干净，从头泡养起。同时“好壶不事二茶”，如常泡普洱的壶若突然改冲乌龙，茶汤必然不纯，有碍品评。紫砂旧壶的养护通常不采水煮法，因为旧壶或许隐含有龟裂、修补的暗伤。通常的做法是将温热过的旧壶放入干净的锅盆，然后注入热水使其淹过壶身，再混入10毫升左右的漂白

紫砂壶

水，静置1小时后取出，再用刷拭法，将壶内外刷净。需特别注意的是，漂白水对人体有害，且其渗透力甚强，事后要充分洗净，方宜泡茶。

日常生活中的紫砂茶壶的养护，又有另外一些讲究。一般是先用沸水将壶身内外淋烫一下，如此既可净壶去霉，亦可暖壶醒味。将第一泡的温润泡茶汤盛置茶海中备用，待冲第二泡时再用此茶汤浇淋壶身外表，如此反复施行至全程结束。如果使用茶船，要注意将壶身略微垫高，使其圈足高过水面，以免壶身留下水线或不均匀的色泽。

每泡茶冲至无味后，应将茶渣去净，用热水将壶内壶外涮洗一次，置于干燥通风处，并将壶盖取下，以利风干。否则，因紫砂壶的口盖密合度较严谨，任令其密封阴干，亦不卫生。也可趁壶身高热时，用沾有茶汤的棉布茶巾上下擦拭壶身，由于此时器表温度甚高，湿巾所含茶汤一拭随即挥发，留下可使壶身润泽的茶油，如此便可提高养壶的成效，日久便可累积出光泽。也有人先冲出一泡较浓的茶汤，再用软性毛笔或养壶毛刷沾此茶汤，反复均匀涂布于壶身，以提高其接触茶汤的时间与频率。

养壶不只是养外表，壶身内壁也应一并调养，方能收到内外兼修之功。养壶的“内功”最重要的就是：一把壶只泡一种茶。因为紫砂壶具有特殊的双气孔结构，善于吸收茶汤，所以一把久经使用的紫砂壶，即使不加茶叶，单用沸水亦能冲出淡淡茶汤来。通常开始养壶的动作后，最好避免再用洗碗精之类的化学品去清洗，以免产生异味或刷去光泽。此外，紫砂壶造型变化多端，有些如花货、筋纹器较容易产生茶渍死角、可用软毛牙刷勤加清理。

小贴士

茶具保养小妙招：使用紫砂壶泡茶的次数多了，茶壶的土胎就能充分地吸收水分，久而久之，紫砂壶表面就会出现润泽如玉的光泽。

第五章

茶的冲泡与品尝

茶艺

沏茶方式的演变

中国的茶叶沏泡方式可以分为煮茶法和泡茶法两大类，煮茶法、煎茶法、点茶法和泡茶法四小类，在煮茶法的基础上形成了煎茶法，煎茶法是特殊的煮茶法。泡茶法是由点茶法演变而来的，点茶法是特殊的泡茶法。煎茶法和点茶法都形成于特定的历史时期，也曾广为流传，风行天下，远播海外，但作为沏茶的特殊形态，终归消亡，现今广泛存在的有煮茶法和泡茶法。

煮茶

煮茶法源远流长，自汉至今，一直流行。从汉魏六朝到初唐，煮茶法是当时饮茶的主流方式。煮茶法直接来源于茶的食用和药用方法。煮茶法简便易行，茶与水混合，置炉上火煎，直至煮沸，可酌情加盐、姜、椒、桂、酥等调饮，也可不加任何作料清饮，调饮是煮茶法的主要方式。即便是今天，源于唐宋的紧压固形茶（如团饼茶、砖茶）仍流行藏、蒙、回、维吾尔等少数民族地区，依然煮饮。

煎茶法是唐代饮茶的主流形式，是中国茶艺的最早的形式，曾流传日本、韩国、朝鲜，在历史上产生广泛影响。煎茶在本质上属于一种特殊的末茶煮饮法，以锼盛水置于风炉上，取火候汤，水初沸时投茶入锼，以竹夹环搅，陆羽主张这时加点盐调味但不能加其他作料。到锼中茶水二沸时茶便煎成，用瓢舀到茶碗中趁热饮用。如用铫煎茶，因其有柄有流，则可直接倒入茶碗。煎茶法萌芽于晋，盛于中晚唐，衰于五代，亡于南宋。煎茶法的衰亡之日，便是点茶法的隆盛之时。

点茶法是两宋饮茶的主流形式，对日本抹茶道和高丽茶礼有较大的影响。点茶用茶粉，不仅碾还要磨，将汤瓶置风炉上取火候汤，点茶的水温选择初沸或二沸水，过老过嫩皆不好。焙盏令热，用茶匙量取茶粉投入茶盏中，先注沸水少许，调成膏状，然后边注沸水边用茶筅环搅，待盏面乳沫浮起时茶就沏好了。点茶法可直接在小茶盏中点茶，也可在大茶瓯中点茶，再用杓分到小茶盏中饮用。点茶法萌芽于晚唐，始于五代，盛于两宋，衰于元亡于明朝后期。

泡茶法是中华茶艺的代表形式，自明朝中期形成以来流行至今。它不仅是明清以来的主导性茶叶泡饮方式，而且对日本的煎茶道、朝鲜茶礼及其他亚非欧美国家的饮茶均有影响。泡茶法有两个来源：一是源于唐代“庵茶”的壶泡法；一是源于宋代点茶法的“撮泡法”。当代多用敞口的玻璃杯来泡茶，透过杯子可观赏汤色、芽叶舒展的情形。撮泡法一人一杯，直接在杯中续水，颇适应现代人的生活特点，故在当代更流行。

撮泡法泡出的茶

在当代，以壶泡与撮泡及功夫茶为基础，加以变化，又产生一些新的泡茶法，如在传统功夫茶的基础上，发明闻香杯和茶海（公道杯）的台湾功夫茶，以及用盖碗代壶的台湾变式功夫茶。当代的泡茶法已是五彩缤纷，不一而足。

茶的四大冲泡方法

根据茶叶的质量、品种以及各自不同的茶艺要求，茶叶的冲泡温度可以分为四类：冷泡、低温泡、沸水泡、煮泡，茶的冲泡方法也因此可以分为四类。

◇冷泡法

冷泡法泡出的茶

冷泡法是近些年来出现的，泡茶的水温选择在0℃～15℃左右，这样泡出来的茶香气不如传统的泡茶法，但清凉甘洌，别是一种风味。冷水泡茶的茶叶用量是开水泡茶用量的3倍。这样看起来非常浪费，可是要让茶叶在冷水的浸润下也能散发出茶香，这样的用量是必需的。冷泡法虽说用茶量较多，但由于温度低，茶叶也相对地耐泡些。所谓冷泡茶，并非全用冷水。取一只容量为1升的壶，大约放上15克左右的茶叶，先在壶中注入少量热水，水量以没过茶叶为度，然后盖上壶盖。不久，水被茶叶完全吸收，茶香也散发出来了，再放置一段时间，待茶叶条索放开，将几个大冰块放入壶中，直到盖不上盖子，然后将壶放在阳光充足的地方，等听到壶盖“啪”的一声盖上时，茶也就泡好了。

从上面对冷泡法的描述可以知道，这是一种适合于夏季的泡茶方法，尤其适合在夏季的午后。在等待这一壶凉茶的同时，主客可以闲话，可以对弈，可以切磋一下书画，也可以静静地看一本书，甚至可以小寐，夏日午后的悠闲全在这等待中。

◇低温泡

低温泡是指水温在85℃左右的泡茶法，最低的水温只有75℃左右。低温泡法一般适合用来泡细嫩绿茶。这一类茶叶质地细嫩，如果用高温冲泡会导致茶叶过熟，也使茶叶的香气迅速散发，变得不耐泡。低温泡法在操作时，根据不同茶叶的特点，又有下投法、中投法和上投法三种冲泡方法。

下投法：泡茶时先将茶叶放入杯中，然后冲入热水。形状较为松散的绿茶比较适合用下投法来冲泡。用这种泡法，是因为茶叶的密度较低，冲入热水后，茶叶会全部浮在水面上。这样在冲茶时，由于水的冲击，有利于茶叶充分地吸收水分与水温。龙井茶就是适合用下投法来冲泡的。下投法泡茶时，对冲水的技巧也有讲究，要求沿茶杯的壁冲入，这有利于茶叶在水中的翻滚。下投法泡茶现在多用无花直身玻璃杯，这种茶杯可以让人更好地欣赏茶的芽叶在水中舒展的姿态。

中投法：泡茶时先在杯中冲入一半热水，接着放入茶叶，再冲入另一半热水。也可先放入茶叶，再冲入部分茶水进行温润泡，然后再冲入另一半热水。中投法由于有了温润泡这个环节，使得后面茶汤的浸出速度较快，而且不会太烫，很适合在茶话会这样人数较多的场合使用。一般来说，适合下投法泡的茶，大多也适合用中投法。

上投法：泡茶时先在杯中注入足量的热水，然后放入茶叶。这种方法多用来泡紧结、易下沉的茶叶，如碧螺春茶，投入杯中后，茶叶会迅速地沉到杯底。

这三种泡茶方法的使用还与季节有关。古人认为："投茶有序，毋失其宜……春秋中投，夏上投，冬下投。"这是从泡茶温度的角度出发的。夏季温度高，热水注入杯中后很长时间都不会冷，用上投法可防止茶叶被烫过熟；春秋季温度适中，用中投法，水的温度正合适；冬季环境温度太低，下投法可使茶叶尽快地受热，利于茶味的浸出。在冲泡绿茶时，有的茶叶不能加盖，以免使茶汤产生闷熟味，如龙井、碧螺春等。毛峰等茶叶则可以加盖稍闷一下，帮助茶味的浸出。

茶具保养小妙招：使用紫砂壶泡茶一段时间后，茶壶需要放置数日，使其土胎能彻底地干燥，再使用时才能更好地吸收水分。

◇沸水泡

烧沸水

对于一些质地较老的茶叶，应该选用高温的沸水，温度在95℃以上。一般来说，中低档的茶叶基本上宜选用这种泡法。在茶艺中，这种泡法是乌龙茶与普洱茶的最主要泡法。在福建的一些地方，将乌龙茶称为"烧茶"，说的就是茶汤的温度很高，喝到嘴时还是比较烫的。沸水泡茶的要点在于保证茶汤的温度，有一些具体的做法。

温壶：在一般的绿茶茶艺中，温壶是与洁具联系在一起的，但在乌龙茶茶艺里，除了洁具外，温壶还有一个目的，是为了提高壶的温度，有利于茶香的发散。同时，乌龙茶茶艺所用的紫砂壶也比瓷壶、玻璃杯等有着更好的保温效果，温壶之后，将干茶投入壶中，壶的温度马上就会把茶香散发出来。

淋壶：茶叶放入小壶中，冲入沸水，盖上壶盖后，再用沸水慢慢浇淋茶壶，以增加壶内的温度。这是乌龙茶特有的泡法。只有高温才会让乌龙茶的香与味充分地散发出来。

乌龙茶中冲泡时有一个洗茶的过程，将沸水冲入壶中，不待茶叶出色就迅速地把茶水倒掉。明朝散茶流行以后，洗茶一度成为人们饮茶的一个必要程序。现在人们在饮用绿茶时很少洗茶了，因为细嫩的绿茶通常只能泡3次，洗茶无疑会使茶的滋味有损失。乌龙茶的洗茶除了可以去掉一部分灰尘，还可以让茶叶吸湿、受热，利于茶味的浸出。普洱茶的洗茶还为了去掉茶叶在陈化过程中产生的一些异味。

乌龙茶冲泡一般用小壶，茶叶用量约为小壶容积的三分之一，正式冲泡时，第一泡需要泡45秒，以后每泡增加15秒，如此，可以泡4次。

但这样泡出来的茶味道较浓，如果不能接受这样的浓汤，可以适当缩短浸泡时间，或是减少茶叶用量。普洱茶冲泡时一般用盖碗，这样方便洗茶。

◇煮泡

煮茶是中国茶艺历史最悠久的方法，我国许多地方的民俗茶艺大多数采用煮泡的方法，如蒙古族的奶茶、维吾尔族的奶茶和香茶、藏族的酥油茶、甘肃陇中的罐罐茶、布朗族的青竹茶等都是用煮的方法制作出来的。另外，现代的禅茶茶艺也是采用煮茶的方法。

罐罐茶

蒙古族的奶茶是以青砖茶或黑砖茶为原料，煮茶的器皿是铁锅。制作时，先将砖茶打碎，然后将锅中放水2～3千克，烧至沸腾，加入打碎的砖茶25克左右，煮5分钟，再掺入牛奶，用量为水的1／5，稍加搅动，再加入适量的盐。待整锅咸奶茶开始沸腾时，就可以了。煮咸奶茶时投料的次序很重要，如果茶叶放迟了，或者奶与茶的添加次序颠倒了，茶味就会出不来，煮的时间过长，也会失去茶香。

藏族酥油茶是以紧压茶普洱或金尖为原料。先将茶打碎放加在壶中煮20分钟左右，因为藏族的居住海拔很高，水基本上烧不到100℃，所以煮茶的时间比蒙古咸奶茶要长些。煮好后，滤去茶渣，把茶汤倒入打茶筒中，加入酥油、熟芝麻、花生仁、盐等，抽打均匀。

陇中的罐罐茶是煮泡中比较有特点的。一般是在冬季农闲时，人们围坐在火塘边，一边烤火，一边煮罐罐茶。煮罐罐茶用的是鸡蛋大小的陶瓦茶罐，几只茶盅和一个茶盘，火炉是黄泥土垒成的小火炉。茶叶放入小罐中，加水后放在火炉上反复熬煮，待茶汤浓酽时就可以了。

茶艺

不同茶品的不同冲泡技艺

中国茶品众多，不同茶品各有其适宜的冲泡技艺。

◇乌龙茶的冲泡技艺

乌龙茶是最讲究沏泡技艺的一类茶，其沏泡讲究“壶小、茶多、淋烫、沸水”，现将主要的泡法介绍如下。

1.壶杯泡法

乌龙茶的壶泡

此类泡法需以下一些器具：大小茶盘、煮水器（紫砂大壶及煮水用炉）、茶壶、茶船、品茗杯、杯托、茶荷、茶匙筒、茶样罐、保温瓶、水盂、茶巾、泡茶巾、火柴等。

（1）备具。在泡茶台底下放置一只水盂备用，式样不限。大茶盘居中放泡茶台上。茶盘内摆放茶样罐、茶匙筒、纸茶荷、杯托，右边放茶巾，茶盘左侧放瓷茶盘，内反扣品茗杯；靠右侧放茶船，内放茶壶；小茶盘放在大茶盘右侧桌面，内置煮水器、火柴等。如果泡茶台较小，可在座位右侧放小茶几或特制炉架，搁放煮水器等。摆放完毕，覆盖泡茶巾备用。

（2）备点。乌龙茶浓郁而收敛性强，空腹饮用或不饮浓茶者喝下易造成胃部不适，因此，特别需要配备茶点。在泡茶台茶盘前方可放几碟茶食与水果盘。茶食与水果可选吃食方便，颜色搭配自然的食品与果品，如蜜饯、酥糖、草莓、葡萄、金橘等，大个果形的水果，如西瓜、哈密瓜等，应去皮切小块摆放。水果放在小碟中，覆盖上保鲜膜备用。旁备牙签。

（3）备水。选用清洁的天然软水。有条件的茶艺馆应安装水过滤设施，若用矿泉水冲泡，则茶味更香。预先煮沸开水放保温瓶中备用。

（4）布具。揭开泡茶巾折叠后放在小茶盘后方桌面；先提保温瓶向提梁大紫砂壶中倒少许热水，荡涤后将水倒进水盂，重新注热水入壶中；将提梁大紫砂壶放在点燃的酒精炉上。双手将茶样罐、茶匙筒移放至大茶盘左前方桌面上；将杯托放到小茶盘煮水器后方右侧；茶巾仍放在大茶盘内右下角。此时，大茶盘内仅放置茶壶、茶船、品茗杯、瓷茶盘、纸茶荷和茶巾。

（5）温具。依次将反扣的品茗杯翻正；右手提大紫砂壶，用回转手法向茶壶（连盖）上冲淋少许热水，至水流遍及壶身后，保温瓶复位；左手提茶壶盖放茶盘的品茗杯上，右手提大紫砂壶，沿茶壶口回转冲入热水至五分满，大紫砂壶复位，左手盖好壶盖，双手捧小紫砂壶涤荡。烫壶后右手持茶壶柄提壶将热水依次循环倒入品茗杯中，供温杯用。

取茶

（6）取茶。双手捧取茶样罐，开启后移放到茶盘右侧；左手取茶样盘，大拇指、中指夹住纸茶荷两侧，食指插入内折的纸角中间，撑开纸茶荷；右手横拿茶样罐转动手腕倒茶。一般情况下的投茶量：疏松茶形乌龙茶用量为茶壶体积的2／3左右；较松的半球形乌龙茶用量为茶壶体积的1／2左右；球形及紧结的半球形乌龙茶用量为茶壶体积的1／3左右。碎茶较多时则减少置茶量，来宾多为初饮者，也宜酌情减量。目测茶量至足够后右手放下茶样罐。

（7）赏茶。双手将纸茶荷平放到前方桌面，请来宾欣赏干茶。泡茶者利用这一间隙双手将茶样罐盖好，移回到茶匙筒旁边。

（8）置茶。左手提茶壶盖放在盖置上；待来宾赏茶完毕，左手托住茶荷，右手取茶匙将茶叶慢慢地拨入壶内。

（9）冲泡。右手提大紫砂壶用回转手法，沿茶壶口向内冲水；至满溢后左手提茶壶盖刮去浮沫（动作由外向内）；仍用右手提着的水壶将盖的浮沫冲洗干净后盖好。

淋壶

（10）淋壶。右手提水壶向茶壶注热水，回转运动手腕，水流从壶身外围开始浇淋，向中心绕圈最后淋至盖钮处，使茶壶外壁受热均匀，当茶壶嘴开始向外冒水时，停止浇淋，水壶复位。头道乌龙茶一般需泡1分钟左右。

（11）温杯。品茗杯中盛有温杯时倒入的热水，可依次逐个进行温杯。手法是：右手大拇指搭杯沿处、中指扣杯底圈足侧拿起前小杯，将其轻放在另一小杯热水内，食指推动前右杯外壁，大拇指与中指辅助，三指协同将此杯在此小杯热水中转动一周，然后提杯沥尽残水复位。最后一只品茗杯不再作滚动，直接转动手腕，让热水回转至全部杯壁，再将热水倒掉即可。

小贴士

茶叶保存小知识：红茶与乌龙茶相对于绿茶来说，陈化变质较慢，较易贮藏。避开光照、高温及有异味的物品，就可较长时间保存。

（12）“游山玩水”。右手握茶壶令壶底与茶船边沿轻触，移动一圈，作用是刮去茶壶底部残水，晃动茶壶有利于茶汤均匀。转毕提壶至茶巾上按一下，再次吸干壶底的残水。

（13）“关公巡城”。右手提

壶，在品茗杯上来回移动，令茶汤均匀分入各只品茗杯中。

（14）“韩信点兵”。茶壶中的茶汤基本分光后，为保证茶汤浓度一致，需要观察各只茶杯中的茶汤。凡汤色稍淡者，则抖动手腕将茶壶中余下的茶汤多滴几滴于其中，汤色较深者少点几滴。

（15）奉茶。如果来客围坐较近，不必使用奉茶盘。直接用双手捧取品茗杯，先在茶巾上轻按一下，吸尽杯底残水后将茶杯放在杯托上，双手端杯托将茶奉给来宾，并点头微笑行伸掌礼。

（16）品饮。接茶者用伸掌礼对答或微微欠身微笑。右手以“三龙护鼎”手法握杯，右手虎口分开，大拇指、中指握杯两侧，无名指抵住杯底，食指、小指自然弯曲，女士左手托杯底，举杯近鼻端嗅闻茶香。上好的乌龙茶有天然兰花香、桂皮香或糖姜香，妙不可言。接着欣赏茶汤汤色，最后举杯分数口缓缓喝下，茶汤在口腔内应停留一阵，用舌尖两侧及舌面、舌根充分领略滋味。喝毕握杯再闻杯底香，用双手掌心将茶杯握热，令香气进一步散发出来；也可单手握杯，将茶杯夹在虎口部位，来回转动嗅闻香气。

（17）泡二道、三道。冲泡前先将茶船及茶杯中的残水倒入水盂。如同冲泡其他茶类一样，第二、三道乌龙茶冲泡的重点在于保持足够的茶汤浓度。采用延长冲泡时间的方法，二道茶应冲泡1分30秒左右；三道应冲泡两分钟左右。如果茶叶耐泡，还可继续冲泡四五道茶，甚至可以冲泡更多道茶。

（18）净具。冲泡完毕，将所用茶器具收放原位，对茶壶、茶杯等使用过的器具一一清洗、消毒，覆盖上泡茶巾以备下次冲泡。

2.盖碗泡法

用盖碗泡乌龙茶在广东潮州一带比较流行，这一泡法比较适用于冲泡高香、轻发酵、轻焙火的乌龙茶。此类泡法需以下一些器具：保温瓶、竹茶盘、瓷茶盘、盖碗、品茗杯、杯托、赏茶碟、煮水器、茶匙

盖碗

筒、茶样罐、水盂、茶巾、泡茶巾。

（1）备具。在泡茶台底下放置一只水盂备用，式样不限。泡茶台上居中摆放大茶盘，大茶盘内左侧放双层瓷茶盘，盖碗在右，品茗杯在左，呈新月状环列反扣在瓷茶盘上；大茶盘内右侧前排并列摆放茶样罐与茶匙筒，茶匙筒后放赏茶碟；大茶盘内右侧后排放茶巾。小茶盘竖放在大茶盘右侧桌面，内置煮水器及火柴。摆放完毕后，覆盖上泡茶巾备用。

（2）配点。此过程与壶杯泡法一样，准备好品茶时用的茶点。

（3）备水。选用清洁的天然水。预先煮沸开水放保温瓶中备用。

（4）布具。分宾主落座后，泡茶者揭去泡茶巾折叠后放在泡茶台右侧桌面。先提保温瓶向紫砂大壶中倒少许开水，荡涤后将水倒进水盂，重新注入热水；将酒精炉点燃，紫砂大壶搁放在点燃的酒精炉上。双手捧取茶样罐与茶匙筒，移至大茶盘左侧前方桌面；赏茶碟移至大茶盘内右上角，盖碗端放到茶船前方；将双层茶盘中的品茗杯成形排放整齐。

（5）赏茶。左手握茶样罐，右手开盖放大茶盘中；右手取茶匙将适量茶叶从茶样罐拨入赏茶碟，接着用茶匙将赏茶碟中的茶叶拨散，便于观赏外形。将茶匙插入茶匙筒，盖好茶样罐并复位。双手托捧赏茶碟，送至来宾面前，敬请欣赏干茶外形及色泽等。

（6）温具。右手大拇指与中指捏住盖碗沿，食指轻抵盖钮提起盖碗（不连托）；用三指依次将品茗杯一一翻正。左手揭开盖碗盖子放在盖碗托碟上，右手提保温瓶用回转手法向盖碗内注热水，至八分满后保温瓶复位；左手加盖后，右手用上述方法端盖碗，左手取茶巾轻托盖碗底，回转手腕温盖碗。温毕，茶巾复位，左手搁桌沿，右手提盖碗至双层茶船上方，将热水从盖碗盖子与碗沿间隙中巡回倒入品茗杯中，水倒尽再将盖碗放回碗形茶船，左手将盖揭开放盖置上。

（7）置茶。双手捧赏茶样碟平摇几下，左手托赏茶碟，右手取茶匙，将茶叶拨入杯中。一般用盖碗冲泡的多为条形乌龙茶（如凤凰水仙、凤凰单丛等），其用量为盖碗容量的2／3左右；具体视乌龙茶的紧结程度、整碎程度及口味而灵活掌握。

（8）温润泡。右手提水壶回转手腕向盖碗内注开水，应使水流顺盖碗沿打圈冲入至满；左手提碗盖由外向内刮去浮沫即迅速加盖；右手三指提盖碗将温润泡的热水倒进茶船，顺势将盖碗浸入茶船。

泡茶

（9）冲泡。左手提盖碗盖子放盖置上，右手提水壶回转手腕向盖碗内注水，同样水流应顺着碗沿打圈冲入，至八分满后水壶复位，左手加盖；静置1分钟左右。

（10）温杯。趁冲泡静置时间进行温杯。将品茗杯依次轮回温烫，温毕将杯中的热水倒在茶盘内，重新摆放整齐。温杯手法与壶杯冲泡法一致。

（11）分茶。右手揭盖，用盖侧挤叶底，以均匀茶汤浓度，接着用右手三指提拿盖碗，先在茶巾上按一下，吸尽盖碗外壁残水；不必除盖子，用“关公巡城”手法将茶汤分入品茗杯；观察各杯茶汤颜色，用“韩信点兵”手法把最后几滴茶汤用来调节浓度。分茶毕，将盖碗置回盖碗托上。轻发酵乌龙茶在茶汤筛尽后，宜揭开盖碗盖子，令叶底冷却，保持其固有的香气与汤色。

（12）奉茶。如果来客围坐较近，不必使用奉茶盘。直接用双手捧取品茗杯，先在茶巾上轻按一下，吸尽杯底残水后将茶杯放在杯托上（也可不用），双手端杯托将茶奉给来宾，并点头微笑行伸掌礼。

（13）品饮。接茶时用伸掌礼对答或微微欠身微笑。品饮时先闻香，再观色，接着品滋味，最后再次嗅闻杯中余香。

（14）泡二、三道。双手捧碗形茶船将其中已冷却的开水倒入双层茶盘，复位后右手提壶向碗形茶船内注入适量的开水（注意：太多则没过盖碗，太少则不易加温）。右手提拿盖碗放入茶船，左手揭盖，右手注开水，这一道需要冲泡1分30秒左右。依次收回品茗杯，依次摆放在双层茶盘中，注开水重新温杯。接着同前分茶、奉茶、品饮。第三泡冲泡时间需要约两分钟，方法如第二泡。如果茶叶耐泡，还可继续冲泡四五道茶。

（15）净具。冲泡完毕，将所用茶器具收放原位，对茶壶、茶杯等使用过的器具一一清洗、消毒，覆盖上泡茶巾以备下次冲泡。

3.壶盅双杯法

茶盅

此类泡法需以下一些器具：保温瓶、双层茶盘、小茶盘、茶壶、茶盅、滤网、品茗杯、闻香杯、杯托、煮水器、茶匙筒、茶样罐、茶巾、泡茶巾。

（1）备具。泡茶台底下放置一只水盂备用，式样不拘。泡茶台居中摆放双层茶盘。茶盘内左侧前方放茶匙筒，后放茶样罐；茶盘中部前方反扣闻香杯，中部后方放折叠茶巾一条，茶巾上横向反叠茶托，在闻香杯与茶托之间，反扣数量相等的品茗杯；茶盘右侧前方反扣滤网及茶盅，右侧后方放茶壶。另取小茶盘放在大茶盘右侧桌面，内置煮水器、火柴等。如果泡茶台较小，可在座位右侧另置小茶几或特制炉架，搁放煮水器及火柴等。摆放完毕，覆盖泡茶巾备用。

（2）配点。在泡茶台茶盘前方可放几碟茶食与水果盘。覆盖上保鲜膜备用。旁备牙签。

（3）备水。选用清洁的天然软水。预先煮沸开水放保温瓶中备用。

（4）布具。先提保温瓶向提梁大紫砂壶中倒少许热水，荡涤后将水倒进水盂，重新倒入热水搁壶于点燃的酒精炉上。揭开泡茶巾折叠后放在小茶盘后方桌面上；将茶托放到小茶盘内煮水器后方右侧；茶巾放在小茶盘中煮水器后方左侧。双手将茶样罐、茶匙筒移放至双层茶盘右侧前方桌面上；按顺序依次翻正闻香杯；同样依次将品茗杯一一翻正，并移放到大茶盘内左侧后方（原放茶样罐处）；将茶盅（内带滤网）翻正；茶壶移放在茶盅与闻香杯的空隙处。布具完毕应保证来宾可清楚看见茶盘中的茶具。

（5）温具。左手提盖钮揭开茶壶盖放茶盘上，右手提水壶向茶壶内注2／3热水，左手加盖，右手保温瓶复位；双手捧茶壶转动手腕烫壶后，右手执茶壶将水依次注入品茗杯中。

（6）置茶。左手提壶盖钮揭盖放茶壶左侧茶盘上（盖钮朝上）；双手捧取茶样罐启盖，左手握罐，右手取茶匙拨取茶叶进茶壶。一般较松的半球形乌龙茶用量为茶壶体积的1／2左右。具体应视乌龙茶的紧结程度、整碎程度及口味而灵活掌握，如球形及紧结的半球形乌龙茶用量为茶壶体积的1／3左右。疏松的条形乌龙茶用量为2／3壶容量，置茶毕将茶样罐盖好复位。

（7）赏茶。双手捧茶壶奉给来宾，传递欣赏干茶外形、色泽及干茶香。赏毕捧回复位。

注水

（8）温润泡。右手提水壶用回转提铫高冲手法向茶壶内注开水，至九分满，左手加盖，右手水壶复位；右手握茶壶柄将茶壶内温润泡热水倒入茶盅（内有滤网）。若第一道分茶不用茶盅，则将温润泡热水倒入闻香

小贴士

茶叶保存小知识：红茶因为已经完全发酵，保存期限比绿茶长，罐装或用铝箔纸包装的茶包，可保存三年，放入纸袋的茶包约为两年。但是放置时间经过三年以后，香味就会消失，丧失原有的风味。

杯，倒毕茶壶复位。

（9）冲泡。右手提水壶用回转高冲低斟法向茶壶内注水至满；水壶复位，左手加盖，静置1分钟左右。

（10）温杯、洗杯。在泡茶等待时，右手执茶盅，将茶盅中的热水一一注入闻香杯。双手各取一只闻香杯，将杯口向下扑在品茗杯内热水中，回转手腕令闻香杯旋转，清洗完毕，提起闻香杯，滴尽残水后放回原处（也可用右手单手操作）。依次清洗全部闻香杯后，开始洗品茗杯。手法是：双手大拇指搭杯沿处、中指扣杯底圈足侧，拿起胸前最近两只品茗杯，将其轻放在前两只品茗杯热水内，食指推动所拿品茗杯外壁，大拇指与中指辅助，三指协同将杯在热水中清洗一周，然后提杯沥尽残水复位；依次温洗余下的品茗杯，最后一只品茗杯不滚洗，轻荡后直接将热水倒掉。

（11）釃茶。右手执茶壶将茶汤筛入茶盅（茶盅内有滤网。有时为增强第一道茶的香气浓度，可略过此步骤而直接分茶将茶汤釃入闻香杯）。

（12）分茶。右手取出滤网倒搁在茶盘上，右手执茶盅依次向闻香杯中斟茶约九分满。若直接用茶壶分茶则用“关公巡城”、“韩信点兵”手法，均匀分茶汤进各闻香杯。

（13）奉茶。右手取一只杯托置左掌心平托；右手取一只闻香杯先在茶巾上按一下，吸尽杯底残水放在杯托左侧；右手取一只品茗杯在茶巾上按一下，放杯托右侧。双手捧杯托胸前略顿，再平稳奉至来宾座位桌面。奉茶时应注意，闻香杯在来宾左侧，品茗杯在右侧，使宾客取饮方便。因此，奉茶给不同位置的来宾时，要左手托住杯托，右手夹拿转动手腕，及时调整杯具位置。奉茶时点头微笑行伸掌礼。如果来客围坐较近，不必使用奉茶盘。直接用双手捧取品茗杯，先在茶巾上轻按一下，吸尽杯底残水后将茶杯放在杯托上，双手端杯托将茶奉给来宾，并点头微笑行伸掌礼。

品饮准备

（14）品饮。品茶者还礼后，右手将品茗杯扣放在闻香杯杯口，接着，右手食指与中指夹住闻香杯杯身基部，大拇指按在品茗杯底，向内翻转手腕令品茗杯在下，左手轻托品茗杯底放回茶托右侧；左手扶住品茗杯外侧，右手大拇指、食指与中指捏住闻香杯基部，旋转轻提令茶汤自然流入品茗杯；双手合掌搓动闻香杯数次，目的是用手温促使杯底香气挥发；双手举至鼻尖，两拇指稍分，用力嗅闻杯中香气。也可单手握杯闻香，手法是右手将闻香杯握在掌心，向内运动手指令闻香杯在手中呈逆时针转动，然后移杯近鼻端，左手挡在闻香杯杯口前方，使香气集中便于嗅闻。茶叶品质越好则杯底留香越久。将闻香杯放回杯托，右手用“三龙护鼎”法端取品茗杯欣赏汤色后啜饮。

（15）泡二、三道。手法如第一泡，冲泡时间稍长。第二泡需时比第一泡延长半分钟左右，第三泡比第二泡再延长半分钟。如果茶叶耐泡，还可继续冲泡四五道茶，虽然色香味明显逊色，茶人对好茶叶不忍轻易舍弃，乐于体会淡若清风的茶味也未尝不可。

（16）净具。冲泡完毕，将所用茶器具收放原位，将茶壶、茶杯等使用过的器具一一清洗、消毒。覆盖上泡茶巾以备下次冲泡。

◇绿茶的冲泡技艺

各地的名优绿茶都是由细嫩的芽叶精制而成的，它们都是品质优

绿茶水

良、风味独特。泡饮这类茶叶要重点欣赏其色绿、香郁、味爽、形美等特点。如何使名优绿茶的这四个主要特点能充分展示出来，是冲泡技艺的关键。早些时候绿茶多用壶泡，如今较多地用杯冲泡，用玻璃杯冲泡，更能使品饮者充分欣赏绿色嫩芽在冲泡过程中沉浮舒展的状况。用杯碗冲泡，多不用盖，以免盖后将嫩芽焖黄，不利欣赏汤色、叶色，不利香气的发挥。以下分别就名优绿茶的杯、壶冲泡法予以介绍。

1.杯具的浸润冲泡法

此法冲泡需以下用具：保温瓶、茶盘、玻璃杯、杯托、茶匙、茶荷、茶样罐、水壶、茶巾、茶巾盘、泡茶巾等。

（1）备具。将玻璃杯杯口向下置杯托内呈直线状摆在茶盘内；茶盘左边摆放茶样罐、茶巾盘（内置茶巾），上叠放茶荷及茶匙；右边放水壶。摆放完毕后，覆盖大块的茶巾（防灰、美观），置桌面备用。

（2）备水。选用清洁的天然水。煮水至沸，冲入保温瓶备用。泡茶前先用少许开水温壶，再倒入煮开的水贮存。

（3）布具。分宾主落座后，冲泡者揭去泡茶巾叠放在茶盘右侧桌面上；双手（在泡茶过程中强调用双手做动作，一则显得稳重，二则表示敬意）将水壶移到茶盘右侧桌面；将茶荷、茶匙摆放在茶盘后方左侧，茶巾盘放在茶盘后方右侧；

小贴士

茶叶妙用：将肉放入浓度5%的茶水中浸泡片刻后再冷藏。肉类的保鲜效果不仅更好，而且不易腐烂变质。

绿茶水

将茶样罐放到茶盘左侧上方桌面上；用双手按顺序将茶杯翻正。

（4）置茶。用茶匙将茶叶从茶样罐中拨入茶荷，再分放各杯中。一般的茶水比例为1克茶用50毫升水冲泡，每杯放茶约2～3克，盖好茶样罐并复位。

（5）赏茶。双手将玻璃杯奉给来宾，敬请欣赏干茶外形、色泽及嗅闻干茶香。赏毕，按原顺序双手收回茶杯。

（6）润茶。以回转手法向玻璃杯内注少量开水（水量为杯子的1／4左右），目的是使茶叶充分浸润，便于之后冲泡时，茶叶中可溶性物质被析出。浸润时间半分钟左右，具体视茶叶的紧结程度而定。

（7）摇香。左手托住茶杯杯底，右手轻握杯身基部，用右手手腕旋转茶杯，左手轻搭杯底作相应运动。此时杯中茶叶吸水，开始散发出香气。摇毕可依次将茶杯奉给来宾，敬请品评浸润后茶的香气，此时茶叶的香气最高，最容易闻辨。随后依次收回茶杯。

（8）冲泡。双手取茶巾，斜放在左手手指部位；右手执水壶，左手以茶巾部位托在壶底，双手用凤凰三点头手法冲泡。这一手法除具有礼仪内涵外，还有利用水的冲力来均匀茶汤浓度的功效。冲泡水量控制在杯总容量的七分满即可，一则避免奉茶时有如履薄冰、战战兢兢的窘态，二则符合民间“浅茶满酒”之俗。

（9）奉茶。双手将泡好的茶依次敬给来宾。奉茶者行伸掌礼，表示请用茶，接茶者点头微笑，表示谢意，或答以伸掌礼。

（10）品饮。首先，欣赏其碧绿清亮的汤色，细闻香气；轻轻地浅啜一口，让茶汤慢慢由舌尖漫至舌根，仔细品味这种苦中有甘的滋味。

（11）续水。当杯中茶水被饮至仅剩1／3时，该及时续水。续水前应将水壶中未用尽的温水倒掉，重新注入开水。温度高一些的水才能使续水后茶汤的温度仍保持在80℃左右，同时保证第二泡的浓度。一般每杯茶可续水两次（或应来宾的要求而定），续水仍用凤凰三点头手法。

（12）复品。名优绿茶的第二、第三泡，如果冲泡者能将茶汤浓度与第一泡保持相近，则品饮者可进一步体会甘甜回味，当然鲜味与香味略逊一筹。

（13）净具。每次冲泡完毕，应将所用茶器具收放原位，将茶壶、茶杯等使用过的器具一一清洗、消毒。净具毕，盖上泡茶巾以备下次使用。

2.传统壶泡法

传统壶泡出的茶

冲泡需要的用具有：保温瓶、茶盘、水壶、茶壶、茶杯、杯托、茶匙、茶荷、茶样罐、水盂、盖置、茶巾、泡茶巾等。

此类泡法可选用青花瓷、白瓷或素色花瓷的茶具，以杯具内壁白色为佳，这样有利于对茶叶、汤的颜色进行欣赏。壶具宜小不宜大，具体视品饮者的多少而定。

（1）备具。泡茶台居中摆放茶盘。茶盘内分为左、中、右三列：左列纵向摆反扣在杯托中的品茗杯；茶盘中列中间是茶壶，茶壶后放盖置，茶巾盘（盘内放茶巾，茶巾上叠放茶荷与茶匙）；茶盘右列前方摆开水壶，后方是水盂。摆放整齐后上面覆盖泡茶巾备用。

（2）备水。选用清洁的天然水。将水煮沸，冲入热水瓶备用。泡茶前先用少许开水温壶，再倒入煮开的水贮备，控制壶内水温在85℃左右。

（3）布具。分宾主落座后，泡茶者揭去泡茶巾，折叠后放在茶盘右侧桌面上；双手将开水壶移到茶盘右侧桌面；水盂端放到水壶后方（紧贴茶盘）；将茶样罐放到茶盘左侧上方桌面；取下茶荷、茶匙放在茶盘后左侧桌面；茶巾盘移放到茶盘后右侧桌面。将茶壶移至茶盘内右侧居中位置，茶壶左后方放盖置。双手按顺序将茶杯翻正，边翻边调整其摆法。

（4）温壶。左手轻轻掀起茶壶盖放在盖置上，同时右手提水壶向茶壶内注少许热水；左手盖好壶盖，右手放下水壶；右手执茶壶壶把，左手托茶壶底，用腕力旋转茶壶，令茶壶周身受热均匀。祛荡冷气后，将水注入水盂，茶壶放回原处。

（5）置茶。左手揭茶壶盖放盖置上，用茶荷、茶匙将茶置入壶内，有人称其为下投法，即先置茶，后注水；此外还有用中投、上投法泡茶。中投是先注入一半水，再置茶，接着又注水；上投则是在注完水后再放茶。一般地，干茶表面满披白毫或茶条呈扁平状者，因其浮力较大，不易吸水下沉，应采用下投法；若茶叶卷曲、重实易下沉，可用上投或下投法。

茶水

（6）冲泡。双手取茶巾，放在左手手指部位（左手手心向上），右手提水壶，左手用茶巾托壶底，右手用回旋手法向茶壶内注入开水，注入量为水壶容量的1／4左右，水壶复回时左手放下茶巾，盖好茶壶盖；右手握茶壶把，左手托壶底，转动茶壶，浸润茶叶，半分钟左右，茶壶复位；左手揭盖，右手提水壶，用回转手法向茶壶内高冲注入开水，小半壶即可。盖上壶盖，静置片刻，同时进行温杯。如采用上投法冲泡，则右手提水壶，先沿壶口回旋低斟一圈，顺势提腕将水高冲放壶，近满时复压腕低斟至满，然后投茶。中投法冲泡，则用上述手法注水入茶壶，水量为其容量的1／2左右，投茶后复注满并加盖。

（7）观色匀汤。约15秒后，提壶向已倒掉热水的茶杯中先斟出一杯，观茶汤色，之后仍倒回茶壶内，以均匀茶汤；再等待15秒，依前法再倒出一杯，观察茶汤深度以决定何时釃茶，仍将杯中茶汤倒回茶壶中。接着将其余品茗杯中的热水倒入水盂。

（8）温杯。在冲泡等待间隙进行温杯。第一次等待时，右手提水壶，按顺序向每只杯内注入一半容量的热水，约10秒后，将其中一只杯内的热水倒入水盂，用来注入第一杯观察茶汤颜色的茶水；第二次观察浓度后，将茶汤仍倒回茶壶；接着将待温的杯子拿起，双手手腕转动，令杯体均匀受热后将水倒入水盂。

（9）釃茶。在判断茶壶内茶汤浓度适宜后，即可釃茶。为保证每杯茶的浓度一致，按翻杯顺序向杯内倒呈梯级变化的茶汤量，最后倒水的杯约为五分满，接着，反向顺序将前几杯都倒至五分满。为避免叶底焖黄，釃茶完毕后，茶壶复位，左手将茶壶盖揭开放盖置上。头一道茶汤量较少，不仅可保证品饮者更好地

小贴士

茶叶保存小知识：如果保存得当，普洱茶会越陈越香。目前较广为采用的是“陶缸堆陈法”。取一广口陶缸，将老茶、新茶掺杂置入缸内，以利陈化。对于即将饮用的茶饼，可将其整片折为散茶，放入陶罐中（勿选不透气的金属罐），静置半月后即可取用。

领略茶叶鲜味，而且又不致因为溶出茶叶内过多的可溶性特质而影响下一道茶的风味。

茶水

（10）奉茶。双手将泡好的茶依次敬给来宾。奉茶者行伸掌礼，表示请用茶，接茶者点头微笑，表示谢意，或答以伸掌礼。

（11）品饮。品饮时，依观色、嗅香、尝味逐项进行，若品尝的是新茶，则格外要对色、香加以欣赏，新茶的色、香是十分迷人的。其过程也应像杯泡法一样进行。

（12）二道茶冲泡。将水壶中余下的温水倒入水盂，另注入开水备用。泡第二道茶的重点是保证茶汤的浓度。品质优良的绿茶虽有较强的刺激性，但回味甘甜；品质一般的绿茶，则汤浓而无回甘。冲泡手法如前，但是水温应略高，水量也略多，应冲至茶壶壶口下沿约5毫米处，茶杯内注约七分满的茶汤后奉茶，注茶入杯的方式也与第一道茶一样，先呈梯级变化，由少到多，再反顺序倒至七分满。还可以进行第三道茶的冲泡，手法如二道茶冲泡一样，此道茶的鲜爽味不如前二道茶，但回味仍甘甜。如第三道茶味已淡，则可不必再冲泡了。

（13）净具。每次冲泡完毕，应将所用茶器具收放原位，对茶壶、茶杯等使用过的器具一一清洗、消毒。净具毕盖上泡茶巾以备下次使用。

◇红茶的冲泡技艺

冲泡红茶的器具与绿茶冲泡的器具一样，需要有茶壶、品茗杯、杯托、茶匙筒、开水壶、水盂、茶样罐、茶巾，等等。在茶具外形颜色的选择上，宜选暖色调器具。一般地，红茶鲜叶嫩度比名优绿茶老，加工过程经发酵，冲泡品饮时，较注重对红茶汤色、香气、滋味的品尝，对芽叶在冲泡过程中慢慢舒展这一过程的欣赏不作要求。此外，经发酵，

茶艺

茶巾

红茶的颜色是红色的，冲泡时就无须像对绿茶那样，要注意其绿色的保持，冲泡用的水温可稍高些。其他冲泡方法、方式基本与绿茶相同。下面就以壶泡法为例，介绍红茶的冲泡技艺。

冲泡需要的用具有：茶盘、茶壶、茶杯、杯托、茶匙、茶荷、茶样罐、水盂、开水壶、盖置、茶巾、泡茶巾等。

（1）备具。泡茶台上居中摆放茶盘。茶壶、品茗杯、杯托、盖置、茶巾与茶巾盘、茶匙、茶样罐、开水壶、水盂等整齐摆放。品茗杯反扣于杯托中，摆放整齐后上面覆盖泡茶巾备用。

（2）备水。选用洁净的天然水。将水煮沸，冲入开水壶中备用。泡茶前先用少许开水温壶，再倒入煮开的水贮备。

（3）布具。分宾主落座后，泡茶者揭去泡茶巾，折叠后放在茶盘右侧桌面上；双手将已准备好的器具逐个移开至冲泡台上，放置在冲泡时拿取方便、不影响操作与观赏的位置上，茶盘中仅剩下要给品饮者观赏品饮的器皿。

（4）温壶。左手轻轻掀起壶盖放在盖置上，同时右手提水壶，左手衬以茶巾，托住水壶壶底，向茶壶内注少许热水；左手盖好壶盖，右手放下水壶；右手执茶壶壶把，左手托茶壶底，运用手腕旋转茶壶，令茶壶周身受热均匀。祛荡冷气后，将水注入水盂，茶壶放回原处。

冲泡用具

（5）置茶。左手揭茶壶盖放在盖置上，置入冲泡所需的茶量。

（6）冲泡。右手提水壶，左手用茶巾托茶壶底，右手用回旋手法向茶壶内注入开水，注入1/4左右壶容量的水，水壶复位，放下茶巾，盖好茶壶盖；接着，右手握茶壶把，左手托茶壶底，转动茶壶，浸润茶叶，30秒左右时间，茶壶复位；左手揭盖，右手提开水壶，再用回转手法向茶壶内高冲注入开水，壶中水量1/2左右即可。盖上壶盖，静置片刻，同时进行温杯。

（7）观色匀汤。约20秒后，提壶向已温的品茗杯中先斟出一杯，仍倒回茶壶内以均匀茶汤；再等待20秒，依前法倒出一杯，观察茶汤汤色以决定何时酾茶，仍将杯中茶汤倒回茶壶中。接着将其余品茗杯中的热水倒入水盂。

茶水

（8）温杯。在冲泡等待间隙进行温杯。第一次等待时，右手提水壶，依次向每只品茗杯内注入一半容量的热水，约10秒后，将其中一只杯内的热水倒入水盂，用来注入用于观察茶汤汤色的第一杯茶；第二次观察浓度后，将茶汤仍倒回茶壶；接着逐个将其余品茗杯拿起，微微转动杯中热水，令杯体均匀受热后，将水倒入水盂。

（9）分茶。当茶壶内茶汤浓度适宜后，即可酾茶。为保证每杯茶的浓度一致，依次向杯内倒入呈梯级变化的茶汤量，最后倒水的杯约为五分满，接着，反向顺序将前几杯都倒至相同的茶水量。酾茶完毕后，茶壶复位。

（10）奉茶。双手将泡好的茶依次敬给来宾。这是一个宾主融洽交流的过程，奉茶者行伸掌礼，表示请用茶，接茶者点头微笑，表示谢意，或答以伸掌礼。

（11）品饮。品饮时，依观色、嗅香、尝味逐项进行。

（12）二道茶冲泡将开水壶中余下的温水倒入水盂，另注入开水备用。泡第二道茶的冲泡手法如前，但水量略多，应冲至茶壶壶口下沿约5毫米处，茶杯内注约七分满的茶汤后奉茶。还可以泡第三道，手法如二道茶冲泡一样。

（13）净具。每次冲泡完毕，应将所用茶器具收放原位，对茶壶、茶杯等使用过的器具一一清洗，并消毒。净具毕，摆放整齐，盖上泡茶巾以备下次使用。

◇白茶的冲泡技艺

竹制茶盘

白茶的冲泡方法，与绿茶相似，因其未经揉捻，冲泡后茶汁不易浸出，所以，冲泡时间要比绿茶稍久些，现以白毫银针为例，用玻璃杯冲泡法介绍其茶艺过程：

（1）备具。将用于演艺的器具整齐地摆放在茶盘上，冲泡需以下用具：保温瓶、大小竹制茶盘、玻璃杯、杯托、茶匙、茶荷、茶样罐、水壶、茶巾、茶巾盘、泡茶巾等。摆放位置以便于取放、美观为合适。大盘中放玻璃杯具、小茶盘、水壶；小盘内放茶样罐、赏茶盘、茶巾及茶巾盘、茶荷及茶匙。摆放完毕后覆盖茶巾，置桌面备用。

白茶茶园

（2）备水。选用清洁的天然水。煮水至沸，冲入保温瓶备用。泡茶前先用少许开水温壶，再倒入煮开的水贮存。

（3）布具。分宾主落座后，冲泡者揭去泡茶巾叠放在茶盘右侧桌面上；双手将茶盘中的用具逐个摆放在便利冲泡操作，又不影响品尝者欣赏的位置上，茶盘中仅剩供人观赏的杯具。

（4）置茶。打开茶罐，用茶匙将茶叶从茶样罐中拨入茶荷，再分放各杯中。一般的茶水比例为1克茶用50毫升水冲泡，每杯放茶2～3克，视杯具大小确定，盖好茶样罐并复位。

（5）赏茶。双手将玻璃杯奉给来宾，敬请欣赏干茶外形、色泽及嗅闻干茶香。赏毕按原顺序双手收回茶杯。

（6）润茶。以回转手法向玻璃杯内注少量开水（水量约为杯子的1／4），目的是使茶叶充分浸润，便于之后冲泡时，茶叶中可溶性物质能被较快地析出。浸润时间30秒左右，具体视茶叶的紧结程度而定。

（7）摇香。左手托住茶杯杯底，右手轻握杯身基部，用右手手腕旋转茶杯，左手轻搭杯底作相应运动。此时杯中茶叶吸水，开始散发出香气。摇毕，可依次将茶杯奉给来宾，敬请品评茶叶香气，随后收回茶杯。

（8）冲泡。右手执水壶，左手用茶巾托在壶底，双手用“凤凰三点头”手法冲泡。利用水的冲力，使杯内茶叶上下翻动，杯中上下茶汤浓度趋于一致，加快芽叶内物质被冲出的速度。冲泡水量控制在杯总容量的七分满。

茶园

（9）奉茶。双手将泡好的茶依次敬给来宾。互表敬谢之礼。

（10）品饮。首先，欣赏茶芽在杯中上下浮立的状态，此景犹如春笋斗艳，满园春色。接着是闻香观色，其汤色杏黄清亮，香气自然清鲜；轻轻地浅啜，慢慢地细品。

（11）续水。当杯中茶水被饮至仅剩1／3时，该及时续水。续水前应将水壶中未用尽的温水倒掉，重新注入开水，以保持冲泡茶水的温度不致太低。一般每杯茶可续水两次（或应来宾的要求而定），续水仍用凤凰三点头手法。

白茶茶水

（12）净具。每次冲泡完毕，应将所用茶器具收放原位，对茶壶、茶杯等使用过的器具一一清洗，摆放整齐。净具毕，盖上泡茶巾以备下次使用。

白茶具有极高的欣赏价值，是以观赏为主的一种茶品。当然悠悠的清雅茶香，淡淡的橙黄茶色，微微的甘醇滋味，也是品赏的重要内容。

小贴士

茶叶保存小知识：茶叶买回后若想保存较久，应该换罐贮藏。陶瓷制的茶罐，最能保持干燥，而装在透明的玻璃罐内，虽然便于观察是否受潮发霉，但因为阳光能穿透照射，所以最好再将透明罐放入储藏柜中。但无论是何种材质的容器，都必须是密封罐，才能防潮又防虫；而且罐子需先加以清洁、通风，使罐内干燥无异味。

◇黄茶的冲泡技艺

黄茶冲泡可用与绿茶相似的方法，可用杯泡，也可用壶泡。君山银针这类芽茶，重欣赏冲泡后茶芽在水中的展姿，用玻璃杯冲泡，视觉效果较好。非单芽的茶可用壶冲泡，下面介绍壶泡过程。

冲泡需要的用具有：保温瓶、茶盘、瓷茶壶、茶杯、杯托、茶匙、茶荷、茶样罐、水盂、水壶、盖置、茶巾、泡茶巾等。

杯托

（1）备具。泡茶台上居中摆放茶盘。茶盘中摆置茶壶，品茗杯（反扣在杯托中）；茶巾盘（盘内放茶巾、茶荷与茶匙）、水壶、水盂摆放整齐后覆盖泡茶巾备用。

（2）备水。选用清洁的天然水，将水煮沸，冲入热水瓶备用。泡茶前先用少许开水温壶，再倒入煮开的水，以保持壶内水温在85℃左右。

（3）布具。分宾主落座后，揭去泡茶巾，折叠后放在茶盘右侧桌面上；双手将所用器具逐件移至桌面，摆放位置以不影响观赏、便利操作取放为合适。茶盘内仅剩泡茶用的壶、杯、杯托、盖置。双手按顺序将茶杯翻正，边翻边调整其摆法，使之整齐、美观、取放方便。

茶树

（4）温壶。左手轻轻掀起盖放在盖置上，同时右手提水壶向茶壶内注入少许热水；左手盖好壶盖，右手放下水壶；右手执壶把，左手托茶壶底，用手腕旋转茶壶，令茶壶周身受热均匀。祛荡冷气后，将水注入水盂，茶壶放回原处。

（5）置茶。左手揭茶壶盖放在盖置上，用茶荷茶匙将茶置入壶内。

（6）冲泡。双手取茶巾，放在左手手指部位（左手手心向上），右手提水壶，左手用茶巾托茶壶底，右手用回旋手法向茶壶内注入开水，水温应比绿茶冲泡要稍高，注入量约为水壶容量的1／4左右，水壶复位时左手放下茶巾，盖好茶壶盖；右手握茶壶把，左手托茶壶底，转动茶壶，浸润茶叶，30秒左右，茶壶复位；左手揭盖，右手提水壶，用回转手法向茶壶内高冲注入开水至小半壶。盖上壶盖，静置片刻，同时进行温杯。约15秒后，提壶向倒掉热水的茶杯中先斟出一杯，仍倒回茶壶内以均匀茶汤；再等待15秒，依前法倒出一杯，观察茶汤浓度以决定何时酾茶，仍将杯中茶汤倒回茶壶中。接着将其余品茗杯中的热水倒入水盂。

冲泡

（7）温杯。在冲泡等待间隙进行温杯。第一次等待时，右手提水壶，按翻杯顺序向每只杯内注入一半容量的热水，约10秒后，将其中一只杯内的热水倒入水盂，用来注入第一道用于均匀茶汤浓度的茶；第二次观察浓度后，将茶汤仍倒回茶壶；接着将未温的杯子拿起，双手转动，令杯体均匀受热后将水倒入水盂。

（8）酾茶。在判断茶壶内茶汤浓度适宜后，即可酾茶。为保证每杯茶的浓度一致，按翻杯顺序向杯内倒呈梯级变化的茶汤量，最后倒水的

酾茶

杯约为五分满，接着，反向顺序将前几杯都倒至五分满。头一道茶汤量较少，不致因为溶出茶叶内过多的可溶性特质而影响下一道茶的风味。

（9）奉茶。双手将泡好的茶依次敬给来宾。宾主互表谢意与敬意。

（10）品饮。品饮时，依观色、嗅香、尝味逐项进行。

（11）二道茶冲泡。用新煮的开水倒入水壶进行第二道茶的冲泡。冲泡手法如前，但是水温应略高，水量也略多，应冲至茶壶壶口下沿约5毫米处，茶杯内注约七分满的茶汤后奉茶。以后如继续冲泡，可按上述方法重复。

（12）净具。每次冲泡完毕，应将所用茶器具收放原位，对茶壶、茶杯等使用过的器具一一清洗。净具毕，摆放整齐后盖上泡茶巾以备下次使用。

◇普洱茶的冲泡技艺

普洱茶的通常泡饮方法：将10克普洱茶倒入茶壶，冲入500毫升沸水，冲泡5分钟，即可饮用。

九道茶是流行于中国西南地区的一种冲泡茶形式。泡九道茶一般以普洱茶最为常见，多用于家庭接待宾客，所以，又称迎客茶。因饮茶有九道程序，故名“九道茶”。下面以“九道茶”冲泡为例，介绍其冲泡过程。

（1）赏茶。将珍品普洱茶置于小盘，请宾客观形、察色、闻香。

（2）洁具。迎客茶以选用紫砂茶具为上，通常茶壶、茶杯、茶盘一色配套。多用开水冲洗，这样在清洁茶具的同时，又可提高茶具温度，以利茶汁浸出。

普洱茶

（3）置茶。一般视壶大小，按1克茶泡50～60毫升开水比例将普洱茶投入壶中待泡。

（4）泡茶。用刚沸的开水迅速冲入壶内，至三四分满。

（5）浸茶。冲泡后，立即加盖，稍加摇动，再静置5分钟左右，使茶中可溶物溶解于水。

（6）匀茶。再向壶内冲入开水，使茶汤浓淡适宜。

（7）斟茶。将壶中茶汤分别斟入半圆形排列的茶杯中，从左到右，来回斟茶使各杯茶汤浓淡一致，至三四为止。

（8）敬茶。由主人手捧茶盘，按长幼辈分，依次敬茶示礼。

（9）品茶。一般是先闻茶香，继而将茶汤徐徐送入口中，细细品味，享饮茶之乐。

上述九道程序再加上备具、备水、净具等其他茶冲泡过程均有的几项也有十余道之多。

普洱茶冲泡用的开水温度要高，此茶虽较温和，耐浸泡，但也忌浸泡时间过长，否则苦涩味重，如冲泡得当则茶汤清澈，茶味醇厚。如品饮者喜爱喝较浓的茶，除增加茶叶的投入量外，还可将浸泡时间延长，反之亦然。

◇花茶的冲泡技艺

花茶泡饮方法，以能维护香气不致无效散失和显示茶坯特质美为原则。对于冲泡茶坯特别细嫩的花茶，如茉莉毛峰、茉莉银毫、茉莉东风茶一类特高级名茶，因茶坯本身具有艺术欣赏价值，宜用透明玻璃茶杯，冲泡时置杯于茶盘内，取花茶二至三克入杯，用初沸开水稍凉至90℃左右冲泡，随即加上杯盖，以防香气散失，手托茶盘对着光线，透过玻璃杯壁观察茶在水中上下飘舞、沉浮，以及茶叶徐徐开展、复原叶形、渗出茶汁汤色的变幻过程，“一杯小世界，山川花木情”，堪称艺术享受，称为“目品”。冲泡3分钟后，揭开杯盖一侧，鼻闻汤中氤氲上升的香气，顿觉芬芳扑鼻而来，精神为之一振，“香于九畹芳兰气”、“草木英华信有神”。有兴趣者，还可凑着香气做深呼吸，充分领略愉悦香气，称为“鼻品”。茶汤稍凉适口时，小口喝入，在口中稍事停留，以口吸气、鼻呼气相配合的动作，使茶汤在舌面上往返流动一两次，充分与味蕾接触，品尝茶味和汤中香气后再咽下，如是一两次，才能尝到名贵花茶的真香实味。此味令人神醉，正如宋人范仲淹茶歌所说“茶味兮轻醍醐”、“茶香兮薄兰藏”。综合欣赏花茶特有的茶味、香韵，谓之“口品”。民间有“一口为喝，三口为品”之说，细细品啜，才能出味。

茉莉银毫

一开茶饮后，留汤三分之一时续加开水，为之二开。如是饮三开，茶味已淡，不再续饮。通过三开茶汤的鼻闻、口尝，综合领略茶味的适口度和香气的鲜灵度、浓度、纯度后，三香具备者为“全香”，茶形、滋味、香气三者全佳者为花茶高品、名品、珍品。

泡饮一般中档花茶，不强调观赏茶坯形态，可用洁白瓷器盖杯，冲泡100℃沸水后盖上杯盖，5分钟后闻香气，品茶味。此类花茶香气芬芳，茶味醇正，三开有茶味，耐冲泡。

泡饮中低档花茶，或花茶末，北方叫“高末”，一般采用白瓷茶壶，因壶

小贴士

茶叶保存小知识：将花茶原料放在冰箱内，或与气味强烈的物品并列，都是大忌，因为容易吸收异味，混淆原有的芳香。

中水多，保温较杯好，有利于充分泡出茶味。视茶壶大小和饮茶人数、口味浓淡，取适量茶叶入壶，用100℃初沸水冲入壶中，加壶盖，待5分钟，即可斟入茶杯饮用。这种共泡分饮法，一则方便、卫生，二则家人团聚，或三五亲朋相叙，围坐品茶，互谈家常，较为融洽，添增团结友爱、和睦的气氛。

◇袋泡茶的冲泡技艺

袋泡茶

袋泡茶是采用特殊的长纤维包装纸，把茶和其他内含物包裹在纸袋内的特殊茶种。袋泡茶一经开水冲泡，包装纸不会糊化，但茶汁可以从包装纸的微细网状孔眼中渗透出来，形成一杯浓淡适宜的茶汤，满足了现代消费者对饮茶要求快速、方便、省时的需求。袋泡茶的组成并不复杂，其基本组成有：外封套、内包装袋、内含物、系线和标牌等。近十余年来，又有采用铝铂代替纸做外封套的，以利于存放和携带。不同袋泡茶的区别，主要在于内含物。20世纪80年代以来，随着社会的发展，科技水平的提高，人们生活的改善，袋泡茶的内含物不断改变，从而使袋泡茶的种类也随之增加。目前，袋泡茶的品种，大致可以分为四类。

袋泡茶

纯茶型袋泡茶其内含物单纯以茶为原料，主要的有红茶、绿茶、普洱茶等。

花香型袋泡茶其内含物，主要是窨过的花茶，或是由茶和各种天然香料混合而成，主要的有茉莉花茶、玫瑰花茶、米兰花茶等。

果味型袋泡茶其内含物由茶和各种营养干果、或果汁、或果味香料混合而成，主要

茶水

的有枣茶、山楂茶、荔枝茶等。

保健型袋泡茶其内含物由茶和某些有药效的中草药按一定比例配制而成，如人参茶、杜仲茶、绞股蓝茶、减肥茶等。

袋泡茶与传统散装茶相比，不仅具有冲泡快速、方便、卫生的特点，而且经冲泡后的茶汤，纯净无茶渣。其次，袋泡茶是经拼配而成，品质比较均一。至于对袋泡茶的香气，通常没有太高的要求。因此，冲泡袋泡茶的茶具，以玻璃杯或素色的白瓷杯为宜。

由于袋泡茶中的茶，是经人工切碎后，呈颗粒状态，一经开水冲泡，茶汁容易浸出，通常只能冲泡一次。所以，茶和水的用量之比与一般传统散装绿茶不一样，一般1克袋泡茶，可冲开水70毫升～80毫升。常见袋泡茶的装茶量以2克为多，这样，一只容量为200毫升的茶杯，冲上150毫升左右开水，静置三五分钟，就能成为一杯浓淡适宜的茶汤。对袋泡茶的茶汤和滋味的要求，不能一概而论，应与各种茶的品质要求结合而定。

袋泡茶冲泡极其方便，同样可以用来招待客人，冲泡程序如下：

（1）温杯。目的在于洁净茶杯，使茶杯保持合适的温度。

（2）置茶。用手撕开一个袋泡茶的外封套口沿，再用拇指和食指抓住标牌，将内袋茶包拎出，呈悬系状置入茶杯，并将标牌倒悬在杯口外。通常为一杯一袋。

（3）冲泡。用80℃～90℃开水冲泡，用水量约为150毫升。

（4）匀茶。待冲泡后3分钟，提起标牌，将茶袋在茶汤中荡几下，使茶汤浓度上下、左右均匀一致。

（5）去袋。在饮袋泡茶前，拎起标牌，将茶包从茶汤中提出。

（6）调味。如果制作调味茶，去袋包后，可按品饮者要求，适当加进柠檬、牛奶之类。

沏茶礼仪

人们常说：有礼走遍天下。可见“礼”的重要性。中国是一个礼仪之邦。客来敬茶是中国民间的传统美德，宾客来访、同窗小聚、亲人团圆，清茶一杯，总能给人一种享受。因此，在品茗之余，还需掌握一定的沏茶礼仪。

◇沏茶的基本要领

茶水

沏好一杯茶，对一个泡茶高手来说，既要做到冲泡动作精确到位，又要行为举止大方自然，优雅美观，做到神形合一的技熟艺美。沏泡茶叶首先要有神，即从沏泡者的脸部所显露的神气、光彩、思维活动和心理状态等，表现出人对茶道精神的领悟程度的不同，从而可以表现出不同的境界，对他人的感应力也就不同。

茶的沏泡艺术之美表现为仪表的美与心灵的美。仪表是沏泡者的外表，包括表演者的外表容貌、姿态、风度等；心灵是指沏泡者的内心、精神、思想等，通过设计、动作、眼神表达出来。对沏茶者来说，艺美主要从人的气质、风姿和礼仪中体现出来。通过努力，不断加强自我修养，即使容貌平平，饮茶者也可以从其言谈举止、衣着打扮中发现自然淳朴之美和极富个性的魅力，从而使饮茶添加情趣，并逐渐进入饮茶的最佳境界。相反，倘若举止轻浮，打扮妖艳，言行粗鲁，反而会使人生厌，降低饮茶欲。

无论是独坐静思、朋友小聚还是大型茶会，人们在品茶时，总是要欣赏茶的质量，对茶的色、香、味、形都有很高的要求，总希望品到难得一见的好茶。沏泡者若懂茶不多，不知茶性，即使有上佳的茶叶，也不能发挥其优良品质。因此，青春容貌、窈窕体态、华丽服饰、精美茶具等优势不足以替代对茶的理解。泡好一杯茶，应努力以茶配境，以茶配具，以茶配水，以茶配艺。要注意茶类区别、茶品特点、茶具功能、水温掌握等。沏茶时，茶汤浓度均匀是沏泡者泡茶技艺的功力所在。在港台地区进行的泡茶比赛中，评分标准除了仪表、动作之外，就看同一种茶谁泡得恰好，三道茶的汤色、滋味和香气最接近，一杯茶汤上下汤浓度均匀等。用同一种茶冲泡，要求每杯茶汤浓度均匀一致，就必须练就凭肉眼能准确控制茶与水的比例，不至于过浓或过淡。这都是练出来的功夫。沏茶者要真正领悟到泡茶的技艺，并能灵活运用，能根据不同季节、不同制作工艺、不同品质特征的茶叶来调整茶与水的比例、水温调整、时间控制等关键环节，要经过反复实践、不断总结提高。

◇沏茶的基本礼仪

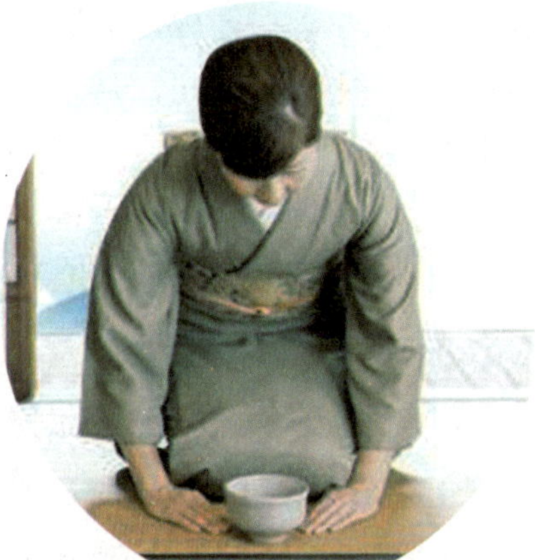
沏茶礼仪

沏茶技艺涉及人、茶、水、器、境、艺六个要素。要达到茶艺美，就必须做到六要素俱美。在沏茶过程中，人是六要素中的主体，具有决定作用，茶由人制，境由人创，水由人鉴，茶具组合、沏茶程序都是由人来编制，因此，人之美是茶艺美中最美的要素。对朋友、对同事、对客人、对上级的诸多情谊，客来敬茶的传统礼节，都体现在沏茶的这些基本礼仪中。

沏茶的基本礼仪首先表现在人的仪表和风度上，其内容有两个方面，即作为自然人所表现的外在形体美和作为社会人所表现的内在心灵美，包括仪表美、风度美、语言美和心灵美等。

1.仪表

仪表是沏茶者给人的第一印象，它是泡茶人形体、容貌、服饰、发型等内容的有机结合。

形体美主要是对沏茶者的容貌、身材、五官、胸、腰、腿、臀、手等的一个全面、综合的评价标准。天生丽质是沏茶者的优势，但并不一定能泡出一道好茶，表演精彩茶艺，有的人由于动作的协调性及悟性水平很低，给人的感觉是紧张，并不觉得很美。而有的人虽然相貌平平，但因为有较高的文化修养，有得体的行为举止，有深厚的茶文化基础，靠自己的勤奋，以神、情、艺动人，显得非常自信，灵气逼人，也会给人以美的享受。在沏茶时最引人注意的是脸和手，手是人的第二张脸。一个人形体美的有些条件是不可改变的，而有的则是可以通过形体训练来改善的。泡茶更看重的是气质，所以沏茶前应适当修饰仪表。如果真正的天生丽质，则整洁大方即可。一般的女性可以淡妆，表示对客人的尊重，以恬静素雅为基调，切忌浓妆艳抹，有失分寸。

俗话说，三分长相，七分打扮。服饰可反映出人的性格与审美情趣，并影响到沏茶者与品茶人之间的沟通效果。服饰首先要与活动的场合、内容、身份配套，其次才是讲究式样、做工、质地和色泽。一般沏茶时宜穿着符合本地生活格调、风俗习惯、民族特色的服装。在正式泡茶场合，最好不要佩戴手表或过多的装饰品，不可浓妆艳抹，不涂有色指甲油和有香味的化妆品。如果是在特色民俗茶艺的表演中，佩戴玉手镯却能平添不少风韵。在正式场合沏茶时，还要注意发型美，发型设

小贴士

茶叶保存小知识：多数花草茶（如菊花茶）较少使用农药，气温变高时会孵出小虫子，这些虫子是附着在花草茶中的卵，时间到了就会孵化。这些虫子并无碍饮用，相反的，飞出虫子的花草茶，更证明没有喷洒农药或化肥，可以让人更加安心。

计必须根据沏泡茶叶的种类、活动的内容、服装的款式、沏茶者的年龄、身材、脸形、头型、发质等因素综合考虑，尽可能取得整体和谐的效果。

2.风度

沏好的茶

风度泛指美好的举止姿态。较高的文化修养，得体的行为，以及对茶文化知识的了解和泡茶技能的掌握，做到神、情、技合一，自然会给饮茶者以舒心之感。评判一位沏茶者的风度良莠，主要看其动作的协调性。在沏茶过程中，人的各种姿态要势动于外，心、眼、手、身相随，意气相合，泡茶才能进入修身养性的境地。沏茶时的每一个动作都要圆活、柔和、连贯，而动作之间又要有起伏、虚实、节奏，使观者深深体会其中的韵味。沏茶者可通过参加各种形体训练、打太极拳、跳民族舞、做健身操等，养成自己美好的举止姿态。总之，风度是个人性格、气质、情趣、素养、品德和生活习惯的综合外在表现，是社交活动中的无声语言，风度美包括仪态美和神韵美。

仪态美主要表现在礼仪周全、举止端庄上。沏茶者的心灵美所包含的内心、精神、思想等均可从恭敬的语言和动作中体现出来。表示尊敬的礼节和仪式是泡茶最基本的礼仪，应该始终贯穿于整个茶叶沏泡和品饮活动中。同时，人们也常常在茶事活动中用礼节来表示宾主间的敬重与和谐。

（1）礼节。沏茶的主要礼节有鞠躬礼、伸掌礼、寓意礼等。

鞠躬礼。鞠躬礼是一种比较正式的礼节，在茶艺表演中使用较多，一般用于茶艺表演的开始和结束，主客均要行鞠躬礼。鞠躬礼有站式和跪式两种，根据鞠躬的弯腰程度可分为真礼、行礼、草礼三种。“真礼”用于主客之间，“行礼”用于客人之间，“草礼”用于说话前后。

“真礼”以站姿准备，将相搭的双手渐渐分开，贴着两大腿下滑，手指尖触及膝盖上沿为止，同时上部由腰开始起倾斜，使头、背与腿呈近90°的弓形（切忌只低头不弯腰，或只弯腰不低头），略作停顿，表示对对方真诚的敬意，再慢慢直起上身，表示对对方连绵不断的敬意，同时手沿腿上提，恢复站姿。鞠躬要与呼吸相配合，弯腰下倾时吐气，身直起时吸气。行礼时的速度要尽量与别人保持一致，以免尴尬。“行礼”动作要领与“真礼”相同，仅双手至大腿中部即可，头、背与腿呈近120°的弓形。“草礼”只需人体向前稍作倾斜，两手搭在大腿根部，头、背与腿约呈150°的弓形。

如果主人站立而客人是坐在椅子上，则客人用坐式答礼。坐式答礼与站式鞠躬礼有一定区别。“真礼”以坐姿为准备，行礼时将两手沿大腿前移至膝盖，腰部顺势闪倾并低头，使头、颈与背部呈平弧形，稍作停顿，慢慢将上身直起，恢复坐姿。“行礼”时将两手沿大腿移至中部，其他动作与“真礼”相同。“草礼”只是将两手搭在大腿根，略略欠身即可。

伸掌礼。伸掌礼是沏茶活动中用得最多的示意礼，主人向客人敬奉各种物品时，泡茶者和助手之间交流时都用此礼，意为“请”和“谢谢”。伸掌礼的姿势是四指并起，虎口分开，手掌略向内凹，从胸前自然侧斜伸掌于敬奉的物品旁，同时欠身点头，动作一气呵成。当两人相对时，均可伸出右手掌相互致意。若侧对时，向左边的人敬礼伸右掌，向右边的人敬礼伸左掌，同时欠身点头。

寓意礼。寓意礼是历史以来在长期的茶事活动中形成的带有特殊意味的礼节，是通过各种动作所表示的对客人的敬意。最常见的如沏茶时的“凤凰三点头”就是提壶高冲低斟反复

茶树

三次，寓意是向客人三鞠躬以示欢迎。沏茶时放置茶壶要注意壶嘴不能正对客人，否则就表示请客人离开；回转斟水、斟茶、烫壶等动作，右手操作必须逆时针方向回转，左手则顺时针方向回转，表示“来!来!来!”，招手欢迎客人观看、品尝，若相反方向操作，则表示挥手“去!去!去!”的意思。其他还有常见的注目礼、点头礼和叩手礼。另外，有时请客人选点茶有“主随客意”的敬意；有杯柄的茶杯在奉茶时要将杯柄放置在客人顺手的一面，所敬茶点也要考虑到客人取用方便。总之，寓意礼是茶事活动中常用的礼仪，沏茶时应处处从方便别人来考虑。

日本“正坐”

（2）姿态。姿态是活动时身体呈现的样子，在沏茶时，姿态比容貌更重要。从中国传统的审美观点来看，人们推崇姿态的美高于容貌之美。姿态包括站、坐、行和手势、表情等方面，必须做到规范、自然、大方、优美。

坐姿。要端坐在椅子或凳子的中央，使身体重心居中。正确的坐姿是双腿膝盖至脚踝并拢，上体挺直，双肩放松；头上顶下颌微敛，舌抵上颚，鼻尖对肚脐。女性双手搭放在双腿之上，左手放在右手上，男性双手可分搭于左右两腿侧上方。全身放松，思想安定、集中，姿态自然、美观，切忌两腿分开或跷二郎腿还不停抖动、双手搓动或交叉放于胸前、弯腰弓背、低头等。如果是作为客人，也应采取上述坐姿。若是坐在沙发上，端坐不便，则女性可正坐，两腿并拢偏向一侧斜伸（可两侧互换），双手仍搭在两腿之上。男性可将双手搭在扶手上，两腿可架成二郎腿但不能抖动，且双脚下垂，不能将一腿横搁在另一条腿上。

跪姿。跪坐和盘腿坐是跪姿中的两种。跪坐，日本人称之为“正坐”，即双膝跪于座垫上，双脚背相搭着地，臀部坐在双脚上，腰挺直，双肩放松，向下微收，舌抵上颚，双手搭放于前，女性左手在下，男性反之。男性除正坐外，可以盘腿坐，即将双腿向内屈伸相盘，双手分搭于两膝，其他姿势与跪坐相同。跪姿对于中国人不大习惯，特别是南方人更是如此。沏茶时要进行针对性训练，以免动作失误，有伤大雅。

奉茶

站姿。无论沏茶时采用哪种姿势，开始准备时都以站姿为基础，因此，站姿好比舞台上的亮相，十分重要。站姿应该双脚并拢，身体挺直，头上顶下颌微收，眼平视，双肩放松。女性双手虎口交叉，右手放在左手上，置于胸前。男性双脚呈外八字微分开，双手交叉，左手放在右手上，置于小腹部。

斟茶

行姿。女性可以将双手虎口相交叉，右手搭在左手上，提放于胸前，以站姿作为准备。行走时移动双腿跨步，脚印为直线，上体不可扭动摇摆，保持平稳，双肩放松，头上顶下颌微收，双眼向前平视。男性以站姿为准备，行走时双臂随腿的移动可在身体两侧自由摆动。转弯时，向右转则右脚先行，出脚不对时可原地多走一步，调整后再直角转弯。若到达客人面前为侧身状态，需转身与客人正面相对，跨前两步进行各种动作。回身时先退后两步再侧身转弯，以示对客人的尊敬。

3. 语言

俗话说：“好话一句三春暖，恶语一句三伏寒。”这句话形象而生动地概括了语言美在社交中的作用。茶室是现代文明社会中高雅的社交场所，它要求茶人在沏茶过程中要谈吐文雅，语调轻柔，语气亲切，态度诚恳，讲究语言艺术。茶叶泡饮过程中的语言美包括语言规范和语言艺术两个层次。

语言规范是语言美的最基本要求。在沏茶服务中语言规范可归纳为：待客有“五声”，待客时宜用“敬语”，杜绝“四语”。“五声”是指宾客到来时有问候声，落座后有招呼声，得到协助和表扬时有致谢声，麻烦宾客或工作中有失误时有致歉声，宾客离开时有道别声。“敬语”包含尊敬语、谦让语和郑重语。说话者直接表示自己敬意的语言为尊敬语。说话者使用客气礼貌的语言向听者间接地表示敬意则称作郑重语。敬语是服务业的行业用语之一，其最大的特点是彬彬有礼、热情庄重，使听者消除生疏感，产生亲切感。要杜绝“四语”，即不尊重宾客的蔑视语，缺乏耐心的烦躁语，不文明的口头语，自以为是或刁难他人的斗气语。

“话有三说，巧说为妙”。泡茶时的语言艺术一定要做到“达意”、“舒适”。“达意”即语言要精准，吐音要清晰，用词要恰当，不可含糊其辞，也不可夸大其词。“舒适”即要求说话的声音柔和悦耳，吐字娓娓动听，节奏抑扬顿挫，风格诙谐幽默，表情真诚，表达流畅自然，要达到使听者舒适，切忌说教式或背诵式地说话，而应当如朋友谈心，相互有真情的交流与沟通，引发对美的共鸣。

口头语言之美若辅以身体语言之美，如手势、眼神、脸部表情的配合则能让人感受到情真意切。

斟茶

◇敬茶的动作

敬茶前应先请教客人的喜好，如有点心招待，应先将点心端出，再奉茶。俗话说：酒满茶半。奉茶时应注意：茶不要太满，以八分满为宜。水温不宜太烫，以免客人不小心被烫伤。有两位以上的访客时，用茶盘端出的茶色要均匀，并要左手捧着茶盘底部，右手扶着茶盘的边缘，如有茶点心，应放在客人的右前方，茶杯应摆在点心右边。

小贴士

茶叶保存小知识：不同种类的干燥花草茶应避免混合存放，因为它们会相互吸收香味，尤其如熏衣草、迷迭香等气味较浓的花草，更容易盖过共置花草的清香。此外，同种类但购买时期不同的也应分别收藏，以免新鲜的芳香加速流失。

敬茶的一举一动，都是卫生、礼貌的表现。手拿茶杯时只能拿杯柄，无柄茶杯要握其中、底部，切忌手触杯口。放置杯（壶）盖时必须将盖沿朝上，切忌将杯盖或壶盖口沿朝下放在桌子上。送茶时，切不可单手用五指抓住壶沿或杯沿提与客人，要用双手奉上。比较讲究的茶具，往往配有二个茶托或茶盘。奉茶时，用双手捧住茶托或茶盘，举至胸前，脸带笑容，送到客人面前。上茶时应以右手端茶，从客人的右方奉上，并面带微笑，眼睛注视对方轻轻说声“请用茶”。这时客人向前移动一下身子，双手接茶，说声“谢谢”。若用茶壶泡茶，而又得同时奉给几位客人时，与茶壶搭配的茶杯，宜小不宜大，否则无法一次完成。敬茶时应先端给职位高的客人或年长的长辈。

以咖啡或红茶待客时，杯耳和茶匙的握柄要朝着客人的右边，此外要替每位客人准备一包砂糖和奶精，将其放在杯子旁或小碟上，方便客人自行取用。待客要有尊敬、友好、大方、平等的气氛，更不能看人上茶。陪伴客人品茶时，要不时注意客人杯壶中的茶水存量。一般用茶杯泡茶，如已喝去一半，就要添加开水到水杯的三分之二处，随喝随添，使茶汤浓度不致变化过大。如用茶壶

饮茶

泡茶，则应适时向壶中添满开水，喝茶时也可适当佐以茶食，调节口味。如是宴请宾客，还得敬上餐前茶和餐后茶。餐前茶宜选择清香爽口的绿茶或花茶，以清淡为宜，目的在于清口。餐后茶选择品饮浓香甘冽的乌龙茶或普洱茶，以浓厚为宜，目的在于去腻助消化和解酒。

大型的会议、茶会，由于出席人数较多，入场也比较集中，一般是提前将放有茶叶的高杯摆在桌上，在活动开始前，由服务员用暖瓶直接在桌前往杯中倒水。采用这种方法上水的优点是快捷、便利，但要注意防止出现漏倒空杯的情况。服务员倒过水后，要逐杯加以检查。检查时，可用于触摸一下杯子的外壁，如果是热的，表明已倒过水，如果是凉的，要及时补倒。

续水，一般在活动进行30～40分钟后进行。往小茶杯中续冲茶水时，瓶口要对准杯口，不要把瓶口提得过高，以免茶水溅出杯外。如不小心把水洒在桌上或茶几上，要及时用小毛巾擦去。往有杯盖的高杯中倒水、续水时，如果不便或没有把握一并将杯子和杯盖拿在左手上，可把杯盖翻放在桌上或茶几上，只是端起高杯来倒水。在倒、续完水后要把杯盖盖上。注意，切不可把杯盖扣放在桌面或茶几上，这样既不卫生，也不礼貌。倒水、续水都应注意按礼宾顺序。

品茶的艺术

茶水

喝茶是为了满足生理上的需求，重在提神、解渴、保健，没有什么特别的讲究。品茗的重心是追求精神上的满足，重在意境的追求和感受，将饮茶视为一种艺术欣赏活动。要细细品啜，徐徐体察，从茶汤美妙的色、香、味、形得到审美的愉悦，引发联想，抒发感情，使心灵得到慰藉，灵魂得到净化。

茶水

早期的文献谈到饮茶时，多是侧重于茶的药理和营养功能，最早从精神层面上来阐释饮茶功效的是西晋杜育的《荈赋》，它在提到饮茶可以“倦解慵除”外，还说饮茶可以“调神和内”。即饮茶可以调节精神、和谐内心。

到了唐代，茶人们已经从审美情趣的角度来品茶了。如皎然在《饮茶歌•诮崔石使君》诗中描写他饮茶的美妙感受是：

一饮涤昏寐，情思朗爽满天地。

再饮清我神，忽如飞雨洒轻尘。

三饮便得道，何须苦心破烦恼。

皎然的“三饮”是饮茶的三个层次，从解困、清神到悟道，即是从生理上的满足上升到精神上的享受，不但获得审美的愉悦，而且进入一个哲理的境界。

卢仝雕塑

稍后的卢仝在《走笔谢孟谏议寄新茶》诗中也描写了连喝七碗茶时的不同感受：

一碗喉吻润，两碗破孤闷。

三碗搜枯肠，唯有文字五千卷。

四碗发轻汗，平生不平事，尽向毛孔散。

五碗肌骨轻，六碗通仙灵，

七碗吃不得也，唯觉两腋习习清风生。

一碗是解渴，喉吻湿润，是生理上的满足。二碗破除孤闷，令人情思爽朗。三碗使人灵感涌动，文思喷发。四碗令人心胸开阔，忘却烦恼。五碗至七碗，身轻神爽，飘飘欲仙，达到天人合一、物我两忘的最高境界。可见唐人饮茶，更多的是从慰藉心灵的角度出发。

具体而言，唐代茶人品茶是着重从茶汤的色、香、味、形四方面来欣赏。这从当时大量的茶诗可以得到验证。如“盛来有佳色”（白居易）、“铫煎黄蕊色”（元稹）、“芳气满闲轩”（陆士修）、“角开香满室”（齐己）、“煮雪问茶味”（喻凫）、“高风味有余”（裴迪）、“湘瓷泛轻花”（刘言史）、“白云满碗花徘徊”（刘禹锡），等等。表明他们在品茗实践中，多是从艺术欣赏角度对茶的色、香、味、形诸方面进行审视和体味，也说明唐代的品茗艺术已经趋于成熟。

到了宋代，品茗已经成为一种自觉的艺术实践，宋代的茶书已经明确地提出要从色、香、味的角度来鉴赏茶汤。如蔡襄《茶录》提出“茶色贵白”、“茶有真香”、“茶味主于甘滑”三个标准。苏轼还将这三者称为三绝：“遂令色香味，一日备三绝。”由此可见，从色、香、味入手来品尝茶汤已成为宋代茶人的共识。

明代的瀹茶法是用散茶冲泡，更加看重茶汤的颜色、香气和滋味，明代茶书开始专门论述品尝问题。如许次纾在《茶疏》中有“饮啜”一则：

茶水

茶注欲小，小则再巡一终。宁使馀芬剩馥尚留叶中，犹堪饭后供啜漱之用。

清代的品尝艺术则以功夫茶最具代表性。袁枚《随园食单》谈他在武夷山品茶时说：

上可不忍遽咽，先嗅其香，再试其味，徐徐咀嚼而体贴之。果然清芬扑鼻，舌有余甘。一杯之后，再试一杯。

俞蛟《梦厂杂著》也说：

然后斟而呷之，气味芳烈，较嚼梅花更为清绝，非拇战轰饮者得领其风味。

◇品茶重点

现代茶艺中的茶汤品尝，继承发扬自古以来形成的优良传统，其重点仍然是从色、香、味着手，即：一是观色，二是闻香，三是品味。

小贴士

茶叶保存小知识：花果茶与花草茶的保存期限不同。坊间贩卖的果茶只要密封好，就可以保存两年。花草茶的寿命与保存方式、密封程度非常相关，保存环境佳可保存一年，保存环境一般则约半年。

（1）观色。主要是观察茶汤的颜色和茶叶的形态。茶叶冲泡后，形状发生变化，几乎恢复到自然状态，汤色也由浅入深，晶莹澄清。各类茶叶，各具特色，即使是同类茶叶也有不同的颜色。如同样是绿茶，其汤色就有浅绿、嫩绿、翠绿、杏绿、黄绿之分，以嫩绿、翠绿为上品，黄绿为下品。红茶有红艳、红亮、深红之别，以红艳为好。同是黄茶，就有杏黄、橙黄之分。同是乌龙茶，就有金黄、橙黄、橙红、橙绿之分。茶叶的形状也是千差万别，各有风致，特别是一些名优特茶，嫩度高，加工考究，芽叶成朵，在碧绿的茶汤中徐徐伸展，亭亭玉立，婀娜多姿，令人赏心悦目。有的芽头肥壮，芽叶在水中上下浮沉，最后簇立于杯底，犹如枪戟林立，使人好像回到茶林之中，重沐茶乡风光。此时，观赏杯（特别是玻璃杯）中的富有诗情画意的景象，就成了观色的重点。此外，在观赏茶汤颜色的同时，还要观察茶汤的明亮度，以清澈明亮为最好（清澈是无沉淀、无浮游物，明亮是有光泽），灰暗的最差，浑浊和沉浊都是不好的。因此在饮用之前，要先将茶汤审视一番，好好欣赏一下，是懂得品茶的表现，切勿接过茶杯，未加观赏就一口吞下，会

茶水

被人讥为牛饮。

（2）闻香。观色之后就是闻香。前者是视觉上的感受，后者则是嗅觉上的感受。好茶的香气是自然、纯真，闻之沁人心脾，令人陶醉。低劣的茶叶则有一种烟焦味和青草味，甚至夹杂着馊臭味。茶叶的香气是由多种芳香物质综合组成的，根据不同芳香物质的种类及数量的综合，形成各种茶类的香气特征。不同的茶叶具有不同的香气，泡成茶汤后，会出现清香、花香、果味香、栗子香……种种香味，仔细辨析，兴味无穷。一般而言，原料细嫩、制作精良的名优绿茶具有清香型（香气清纯，柔和持久，香虽不高但缓缓散发，令人有愉快感）和嫩香型（香气高洁细腻，新鲜悦鼻，有的似熟板栗香或熟玉米香）的香气，有的绿茶还天然带有兰花香。红茶带有苹果香。功夫红茶则带有干果香（枣香、桂花香）、蜜糖香，祁门红茶具有玫瑰香。武夷岩茶因原料较老含梗较多，制造中干燥时火工足，糖类焦糖化而形成一种火香，或称岩骨花香。乌龙茶则属于花香型，散发出各种类似鲜花的香气，又可分为清花香和甜花香两种。清花香有兰花香、栀子香、珠兰花香、米兰花香、金银花香等，甜花香有玉兰花香、桂花香、玫瑰花香等。铁观音、包种、乌龙、水仙、台湾乌龙等茶叶均属于这两种花香型。至于花茶，因窨制用花不同，各具独特的花香。典型的如茉莉花香、珠兰花香、米兰花香、玫瑰花香、玳玳花香、栀子花香、桂花香，等等。这些只是大概而言，并非绝对如此，如有些轻发酵的乌龙茶（特别是台湾出产的一些高山茶）就具有绿茶的清香，与铁观音、大红袍等典型乌龙茶有明显的区别。总之，嗅闻茶香是品尝茶汤时最难的一环，需要具备一些基本常识，细心品尝，认真辨析，并经过长期的实践才能很好地掌握。

大红袍茶汤

（3）品味。闻香之后，就可以开

始品尝茶汤的滋味。与茶的香气一样，茶的滋味也是非常复杂多样，要很好地品出各种不同的味道来，也是有很大的难度的。不管何种茶叶泡出来的茶汤，初入口时，都有或浓或淡的苦涩味，但只要是好茶，咽下之后，很快就口里回甘，韵味无穷。这是茶叶的化学元素刺激口腔各部位感觉器官（其中最主要的是舌头）的作用。茶叶中对味觉起主导作用的物质是茶多酚（包括儿茶素及各种多酚类物质）、氨基酸，起辅助作用的是咖啡因、还原糖等化合物。红茶中还有茶黄素和茶红素等物质。在不同的条件下，这些物质的含量与组成比例的变化，表现出各种不同茶类的滋味特征。茶汤入口后，舌面上的味蕾受到各种呈味物质的刺激而产生兴奋波，经由神经传导到中枢神经，经大脑综合分析后产生不同的滋味感。舌头的各部位味蕾对不同的滋味感受不一样，如舌尖最易为甜味兴奋，舌的两侧前部最易感受咸味，两侧后部易感受酸味，舌心对鲜味最敏感，近舌根部位易辨别苦味。所以，茶汤入口后，不要立即下咽，而要在口腔中稍作停留，使之在舌的各部位打转，充分感受到茶中的甜、酸、咸、苦、涩五味，才能充分欣赏茶汤的美妙滋味。

◇茶味分类

茶叶的品种繁多，其滋味多种多样，千差万别，而且都是凭感觉器官直觉的感受，很难用文字加以精确的描述，只能大体而言。茶学专家们曾将茶叶的滋味分为14个类型，可供参考：

（1）清鲜型。清香、味鲜、爽口。鲜叶细嫩、制作精工的名优绿茶和红茶都有此滋味。如碧螺春、蒙顶甘露、南京雨花茶、都匀毛尖等。

南京雨花茶

（2）鲜浓型。味鲜而浓，回味爽口，似吃新鲜水果的感觉。鲜叶嫩度高，叶厚芽壮，制造及时合理而成。如黄山毛峰、婺源茗眉等。

（3）鲜醇型。味鲜而纯，回味鲜甜爽口。鲜叶较嫩、新鲜，制造及时，揉捻较轻者。如太平猴魁、顾渚紫笋等。还有揉捻正常的高级祁红、宜红。

（4）鲜淡型。味鲜甜舒服，较淡。如君山银针、蒙顶黄芽等。

（5）浓烈型。有清香和熟板栗香，味浓而不苦，富收敛性而不涩，回味长而爽口，有甜感。凡芽头肥壮、叶肥厚，嫩度较好的一芽二叶、三叶，内含物丰富，制作合理的均属此型，如屯绿、婺绿等。

（6）浓强型。味浓厚黏滞舌头，刺激性大，有紧口感。鲜叶适中采摘，内含物丰富的良种或大叶种，萎凋程度偏轻，揉切充分，发酵偏轻的红碎茶属此类型。

蒙顶黄芽

（7）浓厚（爽）型。有较强的刺激性和收敛性，回味甘爽。采摘原料细嫩，叶片厚实，制造合理，如凌云白毫、南安石亭绿、舒绿、遂绿、滇红、武夷岩茶等。

（8）浓醇型。收敛性和刺激性较强，回味甜或甘爽。鲜叶嫩度好，制造得法，如优良的功夫红茶、毛尖、毛峰及部分乌龙。

（9）甜纯型。有鲜甜醇厚之感。原料细嫩而新鲜，制造讲究，如安化松针、恩施玉露、白毫银针、小叶种功夫红茶等。

（10）醇爽型。不浓不淡，不苦不涩，回味爽口。鲜淡型嫩度好，加工及时、合理，如蒙顶黄芽、霍山黄茶、莫干黄芽以及一般中、上级功夫红茶等。

（11）醇厚型。味尚浓，带刺激性，回味略甜或爽。鲜叶内质好，制工正常的绿茶、红茶和乌龙茶均有此味型，如涌溪火青、高桥银峰、古丈毛尖、庐山云雾、水仙、乌龙、色种、铁观音、祁红、川红以及部分闽红。

（12）醇和型。味欠浓鲜，但不苦涩，有厚感，回味平和较弱，如中级功夫红茶、天尖（包括贡尖、生尖）、六堡茶。

（13）平和型。清淡正常，不苦涩有甜感。原料采摘粗老，芽叶一半以上老化，制作正常的低档红茶、绿茶、乌龙茶以及中下档黄茶、中档黑茶等。

（14）陈醇型。陈味带甜。制造中经渥陈醇化，如普洱茶、六堡茶等。

当然，这些都是茶叶专家在评审茶叶时所使用的专门术语，没有经过长期的专门学习，缺乏专业知识的人，是难以掌握和理解的。对于一般的品茶者来说，未必一定要成为精通此道的行家里手，只要了解到茶叶的滋味是复杂多样的，品茶时注意细心鉴赏，努力体察，自然就会感到津津有味，达到心旷神怡的境地。

茶艺表演

平时喝茶解渴、提神、保健，只是满足人们生理上的需求，泡茶仅是一种日常生活行为，自然没有什么艺术可言。但只要将喝茶提升到品饮的层次，为了满足精神上的需求，从而对泡茶方式、器具、环境以及参与者本身都有一定的审美要求，就具有一定的艺术品位。而当人们对这种艺术品位有了自觉的追求时，泡茶和品茶也就逐渐发展为一门生活艺术。而艺术天然的就具有观赏性、娱乐性和表演性。

从表演的角度而言，可将茶艺区分为生活型茶艺和表演型茶艺。生活型茶艺是平时为客人泡茶品饮的茶艺，表演型茶艺是指在舞台上表演而不是直接为客人泡茶的茶艺节目，这里讲述后者。

《封氏闻见记》

◇茶艺表演小史

对于茶艺能不能表演，茶艺界有不同意见。有的人认为茶艺是不能表演的，品茗需要安安静静地“自悟”，不是表演给人看的。但是茶圣陆羽当年就曾经给人表演过。据封演《封氏闻见记》卷六记载：

楚人陆鸿渐为茶论，说茶之功效，并煎茶、炙茶之法。造茶具二十四事，以都统笼贮之。远近倾慕，好事者家藏一副。有常伯熊者，又因鸿渐之论而广润色之，于是茶道大行，王公朝士无不饮者。御史大夫李季卿宣慰江南，至临淮县馆，或言伯熊善茶者，李公请为之。伯熊著黄被衫、乌纱帽，手执茶器，口通茶名，区分指点，左右刮目。茶熟，李公为啜两杯而止。既到江外，又言鸿渐能茶者，李公复请为之。鸿渐身衣野服，随茶具而入。既坐，教摊如伯熊故事，李公心鄙之。茶毕，命奴子取钱三十文酬煎茶博士。

从这条记载可以看出：

（1）早在唐代，茶艺的基本程式已经形成，并且可以在客人面前进行表演。

（2）常伯熊在表演茶艺时已经有一定的服饰、程式、讲解，具有一定的艺术性和观赏性，茶艺成为一项艺术表演形式。

（3）陆羽制定的茶艺程式是经过常伯熊“广润色之”之后才“茶道大行”。即经过他的很大加工后才在社会上广为流行。

团茶

（4）陆羽进行茶艺表演时是“身衣野服”，没有表演用的服饰，也没有讲解，而且“教摊如伯熊”，即与常伯熊的煮茶技艺雷同，艺术效果不佳。所以“李公心鄙之”。

小贴士

茶叶妙用：湿茶叶可以去掉容器里的鱼腥味和葱味，用废茶叶放在其器皿中煮数分钟，便可去腥。

因此，可以说，常伯熊是中国历史上第一位成功的茶艺表演家。常伯熊表演得比陆羽成功的原因是常伯熊的表演带有较强的艺术性。“著黄被衫、乌纱帽”，说明有专门的表演服装和帽子；“手执茶器，口通茶名”，说明他向观众介绍有关茶具和茶叶的常识；“区分指点，左右刮目”，说明他在煮茶过程中还进行讲解，并且还能关照左右，与观众有交流，并非只是盯着李季卿一人。陆羽的失败是他的煮茶技术与常伯熊雷同（“教摊如伯熊故事”），对刚看过常伯熊表演的李季卿来说缺乏新鲜感。同时陆羽只穿着乡下人普通服装（“身衣野服”），跟随拿茶具的人登场（“随茶具而入”），而不是像伯熊那样“手执茶器，口通茶名”，估计在煎茶过程中也没有进行讲解（据说陆羽有口吃毛病，就是讲解也不会生动）。总之，陆羽的茶艺演示缺乏艺术性，自然观赏性就差。

历史上当众进行茶艺表演的不止常伯熊、陆羽等人，著名的就是宋朝皇帝赵佶（宋徽宗）亲自给群臣点茶。据蔡京《延福宫曲宴记》记载：“宣和二年（1120年）十二月癸巳，召宰执亲王学士曲宴于延福宫，命近侍取茶具，亲手注汤击拂。少顷，白乳浮盏面，如疏星淡月。顾诸臣曰：‘此自烹茶。’饮毕，皆顿首谢。”实际上这也是一次当众进行的茶艺表演，而且是由皇帝亲自点茶，意义非同寻常。

宋代的点茶技艺在发展过程中还形成一门独特的技艺，称为“汤戏”，又名茶戏、茶百戏，是在点茶时使茶汤表面的纹脉形成图像甚至

宋徽宗

是文字。

宋初陶谷《清异录》记载：

“沙门福全能注汤幻茶，成诗一句，并点四碗，泛乎汤表。檀越日造门求观汤戏。全自诗曰：‘生成盏里水丹青，巧画工夫学不成。却笑虚名陆鸿渐，煎茶赢得好名声。’”

“茶自唐始盛，近世有下汤运匙，别施妙诀，使茶纹水脉成物象者，禽兽虫鱼花草之属，纤巧如画，但须臾就散灭。此茶之变也，时人谓之茶百戏。”

既然可以“求观”，就是具有当众表演的性质，而且是经常表演，名声在外，檀越才会登门求观。汤戏也叫做“分茶”。南宋诗人杨万里有首诗叫《澹庵坐上观显上人分茶》，描写的是在当时爱国名将胡铨（号澹庵）府上观看显上人进行分茶表演：

分茶何似煎茶好，煎茶不似分茶巧。
蒸水老禅弄泉手，隆兴元春新玉爪。
二者相遭兔瓯面，怪怪奇奇真善幻。
纷如擘絮行太空，影落寒江能万变。
银瓶首下仍尻高，注汤作字势嫖姚。
……

这位和尚（显上人）也是经常在众人面前进行分茶表演的，杨万里才有机会在胡铨府上观赏，写下这首著名的茶诗。既然称作汤戏、茶百戏，说明这种分茶技艺是带有娱乐性和表演性。

明清时期的茶人也经常当众表演茶艺，如朱权在《茶谱》中就专门编创了一套烹茶程序：“命一童子设香案携茶炉于前。一童子出茶具。以瓢汲清泉注于瓶而炊之。然后碾茶为末，置于磨令细。以罗罗之。候汤将如蟹眼，量客众寡，投数匙入于巨瓯，候茶出相宜。以茶筅摔令沫不浮，乃成云头雨脚，分于啜瓯，置之竹架。童子捧献于前。主起，举瓯奉客曰：‘为君以泻清臆。’客起接，举瓯曰：‘非上不足以破孤闷。’乃复坐。饮毕，童子接瓯而退。”这种带有对话的烹茶技艺，更是类似今天的“主题茶艺”，具有浓厚的表演性质。

日本茶艺表演

至于当代的表演型茶艺，实践证明，近30年来，茶艺天天都在表演，这是无法否认的客观事实。茶艺能否表演，早已被实践所解决了。更值得重视的是，如今的表演型茶艺已经逐渐发展为一种新型的文艺形式，类似过去话剧教学中作为基本训练手段的小品演变成为独立的艺术形式一样，表演型茶艺也正在发展为独立的表演形式。

◇表演型茶艺的内蕴

表演型茶艺是通过茶叶的冲泡和品饮等一系列形体动作，反映一定的生活现象，表达一定的主题思想，具有一定的场景和情节，讲究舞台美术和音乐的配合，既使人得到熏陶和启示，也给人以审美愉悦的一种艺术形式。

茶艺表演

茶艺表演与其他艺术形式相比，其主要的特点就是它是以泡茶品茶技艺为主要表演手段，其主要道具就是茶具。在表演过程中和舞蹈、哑剧一样，可以配以音乐、歌曲，也可以有旁白、解说，但表演者不能开口说话（有人物对话的就成了小品表演）。其表演动作主要是泡茶、敬茶和品茶等一系列形体动作，不宜离开茶艺本身的特点来设计安排其他情节和动作。通过表演要体现一定的创作意图，表达一定的主题思想。因是在舞台上

茶壶

表演，要注意服饰、化装、道具、布景、灯光和音响等舞台美术的艺术效果。须知，茶艺表演也是一种综合性艺术。只有各种艺术因素都能围绕主题有机、和谐地组合在一起，才能获得良好的效果。

表演型茶艺的艺术特征最主要的是静、和、雅。在创作和表演过程中要符合这三个主要特征。静是茶之性，和是茶之魂，雅是茶之韵。这三者首先来自茶叶的自然属性，然后体现在茶艺的艺术性，最后反映在茶道的哲学性。

（1）茶之性——静。茶树身为灌木，默默生长在山野，天然赋有谦谦君子之风。客观的自然条件决定了茶性微寒，味醇而不烈，使人清醒而不过度兴奋，饮后使人更为安静、宁静、冷静、文静、娴静、雅静。茶的这种特性与人性中的静、清、虚、淡的一面相近，因此茶事活动一般都具有静的特点。茶艺和舞蹈、杂技等动的艺术不同，它是静的艺术。所以一定要体现静的特点。动作不宜太夸张，节奏不宜太快，音乐不宜过于激昂，灯光不宜过于强烈。它是一首优美、抒情的小夜曲，而不是激昂雄壮的交响乐。

（2）茶之魂——和。和是中国茶道精神的核心，也是中国茶艺的灵魂。茶叶本身就具有中和、恬淡、精清、高雅的品性，历代茶人都指出它的这一特性。唐代的裴汶《茶述》说它“其性精清，其味浩洁，其用涤烦，其功致和”。《大观茶论》也说它“祛襟涤滞，致清导和”。宋诗也说“中和似此茗，受水不易节”。历代茶人就将它与人们的道德修养联系起来，通过品茗活动促进人格修养的完善，在茶事活动中体现出高逸的中和美学境界。所以，在茶艺的编创和表演中都要体现端庄儒雅的中和风韵，不宜用它来表现矛盾尖锐、对立、冲突、争斗的题材。

（3）茶之韵——雅。雅是在和、静基础上形成的一种气质，一种神韵。这是中国茶艺（不管是生活型的还是表演型的）的外在表现。雅的本意包括高尚、文明、美好、规范、正确等内容。人们的气质、风度、风韵常呈现出高雅、儒雅、文雅、风雅、优雅、幽雅、清雅、古雅等特征，历代茶人也将雅作为个人修身养性的目标之一，唐代刘贞亮《茶十德》中就说“以茶可雅志”。茶树、茶叶的外在风韵就是雅，因此茶艺就是雅的艺术。在编创和表演中也要体现这一特征。

换句话说，违背了静、和、雅这三个特征的茶艺，不是成功的茶艺。

◇表演型茶艺的编创和表演

表演型茶艺的编创和表演需要注意下列几个方面：

1.主题

茶艺表演

不论是取材于古代史料还是取材于现实生活，表演型茶艺都应该有一个主题，它是茶艺表演的灵魂。如取材于唐代清明茶宴的《仿唐宫廷茶艺》的主题就是通过唐代煮茶技艺的演示反映唐代宫廷茶文化的盛况。取材于明清徽州地区文人雅士品茗活动的《文士茶》通过盖杯茶艺的演绎表现明清文人茶文化的高雅风韵。取材于现实生活的《珠海渔女》通过珠海渔村妇女饮茶活动来反映改革开放前后的巨大变化。取材于少数民族茶俗的《白族三道茶》通过一苦二甜三回味的三道茶，寓意人生先苦后甜未来生活美满吉祥如意。取材于澳门饮茶习俗的《一脉情》反映中葡文化在澳门的交汇，谱写澳门回归的历史赞歌。

主题明确之后，就可根据主题的要求确定节目的风格，构思编排表演的程序和动作，选择适当的道具、服装、布景和音乐，然后挑选适合的表演者进行排练。

2.人物

根据主题要求，表演型茶艺的人物组合有一人、二人、三人和多人数种。一人的茶艺表演多数情况下适合于生活型茶艺，或是在少数人的场合直接给客人演示冲泡技艺的。二人的茶艺通常是一个为主泡，另一个为助泡。主泡负责泡茶，助泡则负责端送器具、用水和奉茶等，是配合主泡的助手。表演时主泡在中间位置，助泡站在主泡的右边。三人组合是主泡居中，两位助泡分立左右两边。多人组合则四人、五人和五人以上不等，其中仍然有一人担任主泡，位置居中，其余都是副手，分立两旁，如《仿唐宫廷茶艺》、《惠安女茶俗》等。但有一种集体功夫茶的表演是每个人都在泡茶，其服装、茶具、动作完全相同，可以说每个人都是主泡，不分主次。多人组合的茶艺适合于在大型舞台上表演，如某女子职业学校的大型《禅茶》有11人，而《仿唐宫廷茶艺》甚至多达13人，才能显示盛唐茶风的气势。

茶艺表演

3.演员

节目编创后，就要挑选演员。演员的身材、形象、气质对茶艺表演的质量都有很大关系，需要认真对待。除了通常所说的长相要美之外，还要根据节目主题的要求来选择。首先要求演员具有一定的文化素质和艺术修养，因为茶艺是门高雅的艺术，表演者的气质如何其舞台效果是不一样的。所以只要有条件，尽可能选择文化程度较高又受过茶艺培训的演员。一般来说，茶艺表演者多以年轻女性为主，但根据节目的题材和主题要求，也可选择男性和年纪大一点（甚至是老年）的演员。演员身材高低肥瘦各有不同，主泡位置在中间，对其形体美的要求高一点，身材一般较助泡要高一点，其形象也要求比助泡俊秀一些。同时还要看节目本身的需要，如表演《擂茶》、《新娘茶》、《三道茶》等民俗茶艺，要求身材适中，表情活泼的女青年，表演《文士茶》、《清明雅韵》等文人茶艺，就要求演员的身材苗条，面目清秀，气质优雅。如是仿古类茶艺，还要注意历代审美标准如何，如唐代以肥为美，表演《仿唐宫廷茶艺》的演员就可以长得丰满一些。宋代以瘦为美，表演《仿宋点茶茶艺》的演员就要求长得清秀一些。对于主泡的形体要求，还要注意一个问题，就是手相如何。因为整个泡茶过程中，观众的注意力都集中在主泡的双手动作上，手相如何就会影响到表演的美感。所以在挑选演员时还要注意他的双手是否纤巧、白皙、细嫩、匀称，如果手指粗大、关节突出者，就不宜担任主泡。

小贴士

茶叶妙用：用残茶叶擦洗有油腻的锅碗，木、竹桌椅，可使之更为光洁。

4. 动作

茶艺表演的动作是指表演者的形体动作，包括肢体动作、姿势（走姿、坐姿）、表情和眼神。总的要求是行动要轻盈、舒缓，如行云流水。特别要掌握好节奏，不能太快。除了一些取材于民族茶俗的节目可以适当运用一点舞蹈动作外，一般情况下动作幅度不宜太大，不宜太过夸张，以免给人以突兀之感，失去雅趣。泡茶时动作要熟练、连贯、圆润，防止器具碰撞发出响声，沸水、茶汤不能溅滴到桌几上。演

《清明雅韵》表演

员的表情要自然、亲切而不做作。既不能板着面孔，也不能嬉皮笑脸。除了禅茶、道茶之类的宗教茶艺要求神情严肃之外，一般情况要脸上微含笑意，端庄稳重，显现出高雅的风韵。表演时眼神要专注、柔和而不飘移。除了赏茶、敬茶需要和客人和观众交流之外，表演者的眼神要专注在所操作的茶具上，切记不要东张西望或眼珠斜滑窥视，给人以不庄重之感。须知观众始终在台下注视着你，表演者在台上的任何细微的动作都逃不过他们的视线，绝对不要掉以轻心。

5.服饰

包括服装、发型和化妆，要根据主题要求来设计，样式以民族服饰为好，一般演示现代茶艺可穿旗袍或宽袖对襟衫和长裙，不宜穿短裙或长裤，手上不要戴手表、戒指，更不能涂有色的指甲油，也不能将头发染成其他颜色。化妆也以淡雅为好，不要浓妆艳抹，流于俗气。也不能涂抹有香味的化妆品，以免茶叶受到影响。如是仿古或民族茶艺，其服饰则要符合历史实际和民族特点，可以根据表演需要加以适当的艺术加工，但不要脱离实际以致妨碍泡茶动作。特别是仿古题材的茶艺，服装、发型的设计一定注意时代特点，不能出现表演唐宋茶艺而穿戴明清服饰的笑话。服装的色调要柔和、素雅，以浅色调为主，不宜大红大绿，显得耀目刺眼。还要注意整体色调的和谐统一，尤其要与茶具的色调相协调，如明清《文士茶》所使用的茶具是景德镇青花瓷器，配上蛋青色镶有蓝边的青衫罗裙，显得特别清新脱俗，与文人雅士的品茗格调相吻合。当然，在统一中也要有变化，以免显得单调。如江西《仿唐宫廷茶艺》的服装是以暖色调为主，四位助泡均身穿红色的宫廷仕女服装，但中间主泡的“茶博士”就穿蓝色的长袍。江

《新娘茶》表演

西的《新娘茶》三位演员均穿红色衣服以增强喜庆色彩，为避免太过雷同，两位助泡均身穿浅红色衣服，主泡（新娘）则穿大红新娘装，就避免了给人单调的感觉。

6. 道具

《竹筒茶》表演

道具包括茶具、茶桌、椅凳等，但最主要是泡茶的器具，它是表演型茶艺极为重要的组成部分。要根据主题思想和沏泡的方式来确定茶具的种类、样式和色彩。如反映现代生活的茶艺可以使用玻璃茶具、陶瓷茶具，反映古代题材的茶艺就只能使用陶瓷茶具而不能使用玻璃茶具，因为当时还没有生产玻璃茶具。同是陶瓷茶具也要看时代先后而有所选择，如青花瓷器是元代以后才开始盛行，表演唐代的煮茶技艺就不能使用青花茶具。紫砂茶具是明代中期才流行起来，表演宋代点茶茶艺也不能使用紫砂壶。以免闹出“关公战秦琼”的笑话。

茶具的色彩纹样也要根据主题要求来决定，还要和服装的色彩相呼应，以取得较好的艺术效果。如婺源《文士茶》的服装是淡雅的蛋青色镶蓝边的青衫罗裙，配以典雅的青花盖碗茶具，就很协调，展示了江南文士的儒雅风貌。广西横县的《茉莉花茶茶艺》，表演者身穿白色镶绿边的服装，头插白色的茉莉花，选用的是白色的瓷器茶具，取得相得益彰的效果。杭州的《龙井问茶》和《九曲红梅》，在茶具的配置上也很成功。前者演示的是龙井绿茶的冲泡技艺，表演者的服装是白色镶绿边的旗袍，所有茶具都是透明无花纹的玻璃器皿（器皿的口沿有一道细小的绿边和三个竹叶图案）。后者冲泡的是红茶，服装选择浅红色配有暗花的旗袍，所有的茶具都选用红色瓷器，在红色花瓶上还插上一枝鲜艳的红梅，观后让人心里有一种暖融融的感觉。至于民族茶艺和民俗茶艺，要使用当地原有的茶具，但也不能原封不动地照搬，需要适当的艺术加工，避免自然主义，如现在我们看到的傣族《竹筒茶》，其使用的茶具都不是原生态的东西，经过整理加工提高之后，更适合于舞台表演。

7.音乐

茶艺是无声的艺术，演员不能开口说话，也不宜唱歌，冲泡过程中也没有什么声响，会显得太过寂静。日本茶道在表演时就有意舀水从高处倒入水盂，使其发出响声。婺源《文士茶》在温杯时，也有意将杯盖与杯沿轻轻摩擦让它发出清脆的响声，都是为了打破寂静。于是就须借鉴影视、舞蹈的配乐艺术，在表演中播放乐曲。音乐可以营造浓郁的艺术气氛，吸引观众的注意力，引导他们进入诗意的境界。

一般来说，如是取材于茶俗的茶艺，宜用当地的民间曲调或根据当地民歌加以改编。如云南《白族三道茶》使用云南民歌曲调，江西的客家《擂茶》就使用赣南民歌“斑鸠调”。表演其他茶艺节目，根据主题的要求，多使用民族音乐，如婺源《文士茶》就采用江南丝竹音乐“春江花月夜”等，广西《茉莉花茶艺》采用江南民歌“茉莉花”加以改编，效果都很好。如是取材于历史题材的茶艺，宜采用古典乐曲，最好还要用当时的乐曲。如某茶艺表演队表演的《仿唐宫廷茶艺》使用的是唐代乐曲，《仿宋点茶茶艺》使用的是宋朝乐曲，《清代宫廷茶艺》使用的是清代乐曲，等等，都获得很好的效果。音乐已成为茶艺表演艺术的重要因素，不可忽视。现在的音乐多

茶壶

采用播放录音的光碟或磁带，但有条件时最好是乐队现场伴奏，更有艺术魅力。

8.背景

茶艺讲究环境的选择和布置，表演型茶艺多在舞台上表演，已具有舞台艺术性质，需要根据主题来进行背景布置。茶艺具有静、雅的特点，一般表演的人数不多，因而布景也不宜太过复杂豪华，可以吸取传统戏剧艺术的简约性和写意性，以简练、雅致的布景来衬托演员的表演，让观众的注意力集中在表演者身上，不能喧宾夺主。如有固定的舞台可以经常演出，其布景可以事先制作得精致一些。如是流动性的演出，没有条件布置台幕，而演员背后的环境又比较杂乱，一般可以用活动屏风作背景将其隔开。

《禅茶》表演

在屏风上悬挂与茶艺主题相关的字画，也可悬挂能点出主题的茶联，但要含蓄高雅，不宜直露，更不宜有太强的政治或宗教色彩，以免有说教之嫌。比如，有的地方表演《禅茶》时，将佛像直接搬上舞台，还配上敲打木鱼，宗教色彩过浓，好像在做佛事活动。而某茶艺表演队在表演《禅茶》时，只在屏风中间挂幅达摩画像，两边悬挂一对茶联“煎茶留静者，禅心夜更闲”，突出了禅的美学意境，而淡化了宗教色彩，效果就比较好。另一著名茶艺师在表演《龙井问茶》时，除了悬挂一幅国画外，还特地砍了一枝青竹插在舞台上，令人想起唐代茶诗“竹下忘言对紫茶”的美妙意境。

9.灯光

小贴士

茶叶妙用：炊具沾了油垢，用新鲜的湿茶渣在炊具上擦几遍，即可将油垢洗去。如无新鲜的湿茶渣，用干茶渣加开水浸泡湿后亦可擦去油垢。

茶艺表演的灯光也要按照主题的要求来设计，一般要求柔和，不宜太暗、太亮。太亮刺眼，太暗看不清表情和茶汤颜色，影响舞台效果。灯光可以有变化，但不能快速、跳跃，更不能像迪斯科舞厅的旋转灯光那样闪烁晃眼。

可以根据情节需要变换灯光色彩，以增强表演效果。有时还可将灯光集中在主泡的身上，以吸引观众的注意力。如某茶艺馆在表演《禅茶》时，因是反映佛门禅堂的茶事活动，气氛庄严肃穆，表演开始时将场内的灯光熄灭，演员上场之后，主泡开始煮茶时，舞台上的其他灯光逐渐暗下来，只留一盏聚光灯照射在主泡身上，此时全场鸦雀无声，观众们全神贯注观赏主泡的表演，进入了“禅心夜更闲”的意境。待将茶汤分入茶杯，助泡准备献茶给客人时，灯光才开始明亮起来，观众也意识到表演已近尾声了。显然，这样的灯光处理可以收到良好的舞台效果。

茶艺因为不能开口说话，只是通过冲泡技艺来表现一定的主题，观众不易理解。同时，茶艺又是新兴的艺术，许多观众对茶叶冲泡技艺还不熟悉，所以需要讲解。一般在表演前要简要介绍节目的名称、主题和艺术特色及表演者单位、姓名，但这些介绍应简明扼要，不能太长，最好在舞台换景过程中讲完。在表演过程中也可适当作些讲解，主要是向初次观赏茶艺的观众做些必要的说明。但随着时间的推移，茶文化活动的发展，也要不断提高讲解的水平。比如一二十年前的初创时期，观众对茶艺非常陌生，连一些茶具都不认识，表演时可以进行详细的介绍。现在再这样讲解就不合时宜了。比如不久前在一次大型国际茶会上，有个大学茶艺队在表演传统功夫茶时，面对专业的茶艺专家学者，还在一件件解说“这是茶则，这是茶壶，这是闻香杯，这是品茗杯……”显然是多余的。

古代赏茶图

目前茶艺表演的讲解较为普遍的毛病是说话太多。须知茶艺是具有和、静、雅特性的艺术，观众需要在宁静、恬谧的气氛中观赏，长篇大论、喋喋不休的讲解就会破坏意境，影响表演的艺术效果。也是在一次国际茶会上，有个茶艺队在表演过程中，解说者站在台上从头到尾讲个不停，从该茶叶产地的地理位置、历史背景、有关典故、诗词文章一直讲到冲泡技艺、观赏要点、品尝方法，简直像在进行演讲比赛，令观众坐立不安。即使表演得再精彩，讲解词写得再美，这样滔滔不绝的解说也会让观众大倒胃口的。高明的茶艺表演队在表演时，为了让观众能全神贯注地观赏表演，通常只在表演前作简要的介绍，当布幕一开，音乐响起，就再也不说一句话，而是通过精彩的表演让观众沉浸在“此时无声胜有声”的境界中。

以上各项是个综合的整体，是就单个茶艺节目而言。作为表演型茶艺来说，在演出时还要考虑整体的演出效果，注意节目之间的关系，给以恰当的安排。通常一场茶艺演出，总有多个节目，演出次序的安排也很重要。比如，单个人表演宜放在前面，人数多的宜放在后面，有时也可在开幕时安排一个人数较多的节目，因这时演出刚开始，观众的精神还不集中，场面较热闹的茶艺节目就可以吸引他们的注意力，让大家安静下来。由于茶艺的特性偏静，看久了有的观众可能就坐不住，中间可以安排一些较为活泼热闹的民间茶俗或少数民族茶艺表演，以活跃观众的情绪。还要注意整场节目的形式、风格甚至色彩的变换，以免给观众有雷同之感。

第六章

品茗环境

茶艺

“天人合一”的品茗环境

中国人把品茗看成艺术，就在于在烹点、礼节、环境等各处无不讲究协调，古人对饮茶品茗环境的要求是相当高的，人不能多，也不能杂。高堂华屋之内，大型茶宴之中，大型茶馆之里，人员众多，虽然很容易造就一种亲近热烈的气氛，但传统的中国茶道则是以清幽为主。古代的皎然和尚认为，品茶是雅人韵事，宜伴琴韵花香和诗章。欧阳修在其《尝新茶》诗中就强调“泉甘器洁天色好，坐中拣择客亦佳”。饮茶的方法、环境、地点之间要有和谐的美学意境，这种美学意境是“天人合一”哲学观的曲折体现。

从古到今，在饮茶一事上，要使饮茶从物质享受上升到精神和艺术的享受，人们特别强调品茶与周围环境间的关系。除了力求茶质优良，水质纯净，冲泡得法，茶器精美之外，还十分注重环境的选择。小桥亭榭，琴棋书画，幽居雅室，是理想的品茗环境。

“静”是人生理想与现实状况发生矛盾冲突之后的产物。它把生活中的悲怆与痛苦化解为恬静超然的人生取向，成为一种韧性的生命力和精神支柱，从而超越了功名利禄等外物的诱惑及生活中的坎坷蹉跎，以豁达坦然的心灵对待人生。古代静的思想体现了封建专制重压下人们的生活智慧并一代代积淀下来，渗透到中国传统文化的各个领域。在我国的饮茶习俗中，茶由一般品饮到进行艺术的境界，人们逐渐领悟到茶须静品和品茶能致人宁静的道理。品茶者先应摒弃外物的干扰，保持恬静宽松的心态，方可在饮茶中领略到淡雅温馨的情趣、品味出人生的意义。可以说，茶须静品的本质正是崇尚清静的一种文化精神的外在表现。

在唐代，品茗体现着一种生活态度，一种精神追求，文人雅士大多从清茶中细细品味出空灵淡泊、优雅脱俗、纯真清傲。韦应物在《喜园中茶生》中认为茶叶“洁性不可污，为饮涤尘烦”。因此，唐代品茶环境大多以清幽为主。在唐代文人雅士留下的许多关于饮茶的诗句中，对环境的选择也都体现了这一点。如杜甫的“落日平台上，春风啜茗时”，钱起的诗“竹下忘言对紫茶”、“一树蝉声片影斜”，都表现出一种超凡脱俗、淡雅清爽的心情境界。特别是古代僧人们以茶悟道、追求“茶禅一味”的品茶方式，更是注重与大自然山水同在。僧人灵一作有《与元居士青山潭饮茶》诗，诗中云：“野泉烟火白云间，坐饮香茶爱此山。”

茶树

宋代要求饮茶环境多极发展，社会各阶层对品饮环境要求不一。宫廷官府重奢侈讲礼仪，实际上主要是“吃气派”，有礼仪环境，谈不上韵味。民间较为注重饮茶之间的交流和叙谈，茶肆、茶坊环境幽雅，那里的气氛环境欢快活泼。到宋代中后期，文人墨客反对茶饮过分礼仪化，要求回归自然。

不过，对品饮环境最为讲究的，是明代的文人墨客；对品茗环境记叙最为详尽的，则是明代的茶学书籍。当时的文人最讲究品饮环境，他们往往把品饮活动置于大自然的环境中，独揽山水之胜，饱尝林泉之趣，使整个品饮活动充满了诗情画意，颇合天地之道。即使是在室内，也要将插花、书画、焚香与品茶结合在一起，真正使饮茶从物质享受上升至精神和艺术的享受。

朱权《茶谱》认为品饮者应该是“鸾俦鹤侣，骚人羽客，皆能志绝尘境、栖神物外”者，自然环境是“或会于泉石之间，或处于松竹之下，或对皓月清风，或坐明窗静牖”，才能“不伍于世流，不污于时俗”。罗廪《茶解》津津乐道的是：“山堂夜坐，汲泉烹茗。至水火相战，俨听松涛，倾泻入杯，云光潋滟。此时幽趣，未易与俗人言者。”明代杰出书画家、文学家徐渭强调品茶的环境必须是“凉台静室，明窗曲几，僧寮道院，松风竹月；晏坐行吟，清谈把卷”。在其《徐文长秘集》中，他提出品茶要求幽雅环境：“茶，宜精舍、云林、竹灶，幽人雅士，寒宵兀坐，松月下，花鸟间，清白石，绿鲜苍苔，素手汲泉，红妆白雪，船头吹火，竹里飘烟。”所以屠本畯《茗芨》说：“煎茶非漫浪，要须人品与茶相得，故其法往往传于高流隐逸，有烟霞泉石磊块胸次者。”他们所论，都把品茶看成风雅而高尚的事情，认为自然环境、人员素质是品饮的基本条件，都反复强调在品茶时对茶、水、器、环境、人、心情等的要求。对品茶的环境要求包括了人们在品饮活动中所具备的周围条件如天气、自然景色、地域风情及室内陈设等项。

对茶学的研究“自判童而白首，始得臻其玄诣”的许次纾，给品茶定下严格要求和苛刻条件。他在《茶疏》中提出茶叶品饮时的心情环境应当是：

“心手闲适，披咏疲倦。意绪纷乱，听歌拍曲。歌罢曲终，杜门避事。鼓琴看画，夜深共语。明窗净几，洞房阿阁。宾主款狎，佳客小姬。访友初归，风日晴和。轻阴微雨，小桥画舫。茂林修竹，课花责鸟。荷亭避暑，小院焚香。酒阑人散，儿辈斋馆。清幽寺观，名泉怪石。”

茶室

内容涉及品茶时所处的自然环境、人文环境和饮茶的心境。可见明代人力求在幽雅的饮茶环境中追求一种心的宁静与性灵。同时他还提出“宜缀”，即应停止品茶的情况：

作字，观剧，发书柬，大雨雪，长筵大席，翻阅卷帙，人事忙迫，及与上宜饮时相反事。

品饮“不宜用”的是：

恶水，敝器，铜匙，铜铫，木桶，紫薪，麸炭，粗童，恶婢，不洁巾帨，各色果实香药。

品饮“不宜近”的是：

阴室，厨房，市喧，小儿啼，野性人，童奴相哄，酷热斋舍。

小贴士

冯可宾，字祯卿，明天启壬戌年（1622年）进士，入清后隐居不仕。冯可宾曾编刊《广百川学海》丛书，《岕茶笺》为其中之一，此书约1000字，共分为序岕名、论采茶、论蒸茶、论焙茶、论藏茶、辨真赝、论烹点、品泉水、论茶具、茶宜、禁忌等十一则。后人评其：“虽篇幅无多，而言皆居要。”

对于来客，也很有讲究：

宾朋杂沓，止堪交错觥筹。乍会泛交，仅须常品酬酢。情愫心同调，彼此畅适，清言雄辩，脱略形骸，始可呼童篝火，酌水点汤。

许次纾所论，范围极广，包括品茶的心态、最佳时机、最佳地点、助兴伴侣、天气选择等方方面面，使普通的饮茶提升到品饮艺术和审美情趣，使人们获得最大的愉悦。

多年之后，冯可宾又在《岕茶笺》中谈到“茶宜”的13个条件：一是“无事”，神怡务闲，悠然自得，有品茶的工夫；二是“佳客”，有志同道合、审美趣味高尚的茶客；三是“幽坐”，心地安适，自得其乐，有幽雅的环境；四是“吟咏”，以诗助茶兴，以茶发诗思；五是“挥

茶水

產茶

天下名山必產靈草江南地煖故獨宜茶大江以北則稱六安然六安乃其郡名其實產霍山縣之大蜀山也茶生最多名品亦振河南山陝人皆用之南方謂其能消垢膩去積滯亦共寶愛顧彼山中不善製造就於食鐺大薪炒焙未及出釜業已焦枯詎堪用哉兼以竹造巨笱乘熱便貯雖有綠枝紫蒂輒就萎

许次纾《茶疏》

翰”，濡毫染翰，泼墨挥洒，以茶相辅，更尽清兴；六是“徜徉”，小园香径，闲庭信步，时啜佳茗，幽趣无穷；七是“睡起”，酣睡初起，大梦归来，品饮香茗，又入佳境；八是“宿醒”，宿醉难消，茶可涤除；九是“清供”，鲜清瓜果，佐茶爽口；十是“精舍”，茶室雅致，气氛沉静；十一“会心”，心有灵犀，启迪性灵；十二“赏鉴”，精于茶道，仔细品赏，色香味形，沁入肺腑；十三“文僮”，僮仆文静伶俐，以供茶役。《岕茶笺》还提出“禁忌”，即不利于饮茶的七个方面：一是“不如法”，煎水瀹茶不得法；二是“恶具”，茶具粗恶不堪；三是“主客不韵”，主人、客人举止粗俗，无风流雅韵之态；四是“冠裳苛礼”，官场往来，繁文缛礼，勉强应酬，使人拘束；五是“荤肴杂陈”，腥膻大荤，与茶杂陈，莫辨茶味，有失茶清；六是“忙冗”，忙于俗务，无暇品赏；七是“壁间案头多恶趣”，环境俗不可耐，难有品茶兴致。

许次纾和冯可宾提出的宜茶条件和禁忌，具体内容虽然有所不同，但核心都在于“品”。饮茶意在解渴，品茶重在情趣。当然，品茶还有其他讲究，如张源《茶录》中认为“以客少为贵，客众则喧，喧则雅趣乏矣。独啜曰神，二客曰胜，三四曰趣，五六曰泛，七八曰施”。这是对品茶的人数与饮茶的感受评价。饮啜之时，泡饮的次数也有讲究，许次纾在《茶疏》中说：“一壶之茶，只堪再巡。初巡鲜美，再则甘醇，三巡意欲尽矣。”明代茶书反映的由饮茶到品茶的推移，从茶文化的整体发展来说是一种进步和发展的趋势，同时体现了中国传统文人对品茶环境的整体追求。

纵观中国古代人们对品茶环境的选择，大多强调亲近自然山水，追求幽雅清静，这与中国传统的儒、道、释思想及隐士文化密切相关。人们在自然山水间以茶为媒对人生、对世界产生感悟，情感、心境趋向宁静、淡雅，达到天人合一的境界。大自然的朴实、纯挚使置身于其中，品啜香茗的人们真正地体会到道家的“真我”，禅的“瞬刻永恒”以及隐逸的返璞归真。在茶与自然的结合中，人们忘怀得失，摆脱世俗的干扰，真正获得生命的力量与生活的乐趣。一生嗜茶如命，自称为苦茶庵主的知堂老人周作人先生则认为“喝茶当于瓦屋纸窗下，清泉绿茶，用素雅的陶瓷茶具，同二三人共饮，得半日之闲，可抵十年的尘梦。喝茶之后再去继续修各人的胜业，无论为名为利，都无不可，但偶然的片刻优游乃正亦断不可少”。

现代茶室环境

茶室

现代品茗场所有经营型与非经营型之分。经营型的品茗场所，指那些专门设立的收费的茶室、茶楼、茶坊、茶艺馆之类，提供茶水，供茶客饮茶休息或观赏表演。这些场所或设在山水俱佳的风景名胜区，使茶客可在山涧、泉边、林间、石旁等处品茗赏景，或选在市井中心河埠码头等交通之地，使人们在忙于生计之间，得以休闲片刻，或选在集墟小镇的生活中心，使茶客能够感受到浓郁的乡土气息。

非经营型的品茗场所范围很广，凡为特定目的而举办的各种社团活动，如茶会、茶话会和茶宴等均属此类，或在家居生活中以茶待客，或

家庭泡茶

在郊区野外选山清水秀之处自备茶具举行无我茶会等。凡层次较高的聚会茶宴，不但要求室内摆设讲究，而且力求居室、建筑富有特色，如果周围自然景色美观，当然是品茶的理想场所了。而设在车船码头、大道两旁，田间工地的茶水供应点，除了要求清洁卫生之外，并无多大讲究。如果是在工作单位或家中接待客人，以简朴雅观为宜，饮茶客厅窗明几净，整洁舒适，桌上铺好桌布，摆上鲜花。茶罐、茶具既洁净又富含艺术性，使客人能精神舒畅。至于家庭饮茶，环境是固有的，难以选择，但在有限的空间，通过一定的努力，同样可以营造一个适宜的品茶环境。例如，可以选择在向阳靠窗的地方，配以茶几、沙发、台椅等。尽量把室内之物放得整洁，窗明几净，尽量做到安静、清新、舒适、干净，同样也能成为令人赏心悦目的品饮场所。

总体来说，公共茶室最好选在游览胜地的幽静之处，即使在闹市，也要设法闹中取静。厅室布置可悬以国画、诗文，摆以兰花。古乐低回，古色古香。幽境品茶，方可领略茶的妙趣横生。若举行某种茶会，在大厅中可按茶会的主题选择不同风格的会场布置，用切题的意境，衬托出主题气氛；如壁上的字画，桌上的插花，地上的盆景，座位的排列方式等，都要随题变化，或热烈、或幽雅、或朴实……无论怎样，都应注意整体的协调美观，从而利于宾主感情交流。有时，虽没有一定的会场，但也需布置一个合适的环境。

清幽茶馆

所谓饮茶环境，不仅在景还是在物上，它要求讲究人品、事体。家中妻儿小酌，茗中透着亲情；友人来访，茶中含着敬意；边疆民族奶茶盛会，表达民族的豪情与民族间兄弟情谊。品茶的环境、场所要清雅、明净，品茗人数也不宜过多。品茶先品人，品茶讲人品。品茶者心境要平和、矜持、不躁，这样才能体现传统茶德：即信奉人与人之和美、人与自然之和谐、人与社会之和静。这是茶之精神、茶之风韵，也是中华民族传统美德。总之，饮茶环境要与人事相协调。闹市中吟咏自斟，不合时趣，反露出酸臭气；书斋中饮茶，食脯、唱些俚俗之曲自然也不相宜。正如《煎茶七类》开篇所说，品茶一事，第一条要看人。“煎茶虽微清小雅，然要须其人与茶品相得。”人品与茶品相得，则是乐事、韵事，反之，用《红楼梦》里的一句话，“也没这些茶你糟蹋”！

家庭品茶空间的布置

随着经济的发展和人民生活水平的提高，以现代家庭为背景，设计一套风格雅致、饮茶器具配置和谐的家庭饮茶室，已成为现代茶人的向往和追求。家庭茶室虽然是私家品茗的处所，但是能够营造出一种浓厚的文化气息，无疑会给人们的物质与文化生活锦上添花。

◇家庭茶室的类型

布置家庭茶室首先要确定家庭茶室的类型和风格。家庭茶室的风格和类型多种多样，可以依据主人的兴趣爱好和理念追求自由地选择，但同时也要注意与居室整体装饰风格相协调。目前，家庭茶室的类型，主要有以下一些。

茶叶保鲜小妙招：六堡茶对保存的地方要求并不是很严格，只要无雨淋和阳光照射，不管是专有茶仓库还是阁楼都可以保存六堡茶。散装的六堡茶适宜用牛皮纸或者是棉纸等无味包装，保存在干净无异味的纸箱里。

1.客厅式

现代中式住宅一般都有一个单独的客厅（堂），客人聚集、聊天休闲的场所。设立家庭茶室的目的主要是为了会客聊天，将客厅设计布置成茶室是顺理成章的事。如果客厅面积较大，将客厅一角设计为半封闭式茶室，也不失为一个简单省事的办法。这样，既充分发挥了客厅的作用，又合理利用了空间。

下面是几种厅堂式的家庭茶室：

一是中国传统的家庭茶室，可以在厅堂内摆设红木家具或是仿明清的桌椅装饰，如八仙桌、太师椅、茶几等。厅堂的正面上方可以悬挂名人题写的匾，匾下可以悬挂意境悠远的山水中堂，画的两侧可以配上素雅的居家茶联条幅，以渲染出古色古香的浓郁氛围。书画的下面可以再安放长条案桌。案桌上可以陈列供石、花瓶、盆景等吉祥物或古玩，使气氛显得温婉和谐，情趣盎然。

家庭茶座

二是欧美式的家庭茶室。光洁的乳白色天花板上悬挂着铁艺与玻璃组合的吊灯，相同的壁灯，一个不可或缺的壁炉，质地不错的地毯，再加上舒适的藤沙发、藤茶几，茶具以英国或德国的皇家瓷为上品。而墙上的抽象派油画，墙角的雕像，甚至壁炉上的铜雕马车，都体现出一种高贵、华丽和闲适。

三是中西合璧的家庭茶室，以客厅内围坐式沙发为主，配有大小腰形茶几。其上放置茶具、花瓶和其他相关摆设。墙上悬挂西洋风景油画。壁角玻璃橱里陈列中国古玩。有的还可以同时悬挂条幅书法作品，内容可以涉及茶，从而体现中西文化交融的氛围。有的在茶室内悬挂竹根老寿星，寓意“延年益寿”；有的在茶室内放置木雕雄鹰，象征雄心不减，志在凌云；有的在茶室内悬挂大红中国结“双鱼”，寓意“年年有余”。

四是兼用型的家庭茶室，以六座餐桌式客厅为主，厅内陈列盆景、瓷瓶、奇石。矮柜上放置茶具组合及电视机等，以示品茶、聊天、看电视的多种功能。墙上挂有书画，以体现茶文化的儒雅。有的家庭在厅（堂）的一侧摆放茶几，配以靠椅或藤椅。也有的在厅（堂）的一侧摆放三人、双人、单人组合沙发；另一侧安置“家庭影院”、音响设备，中间摆设茶桌或茶几，其上放置茶具、茶点。

如果你设立家庭茶室旨在营造一种茶余饭后家人团聚、闲谈的其乐融融的氛围，那就再也没有把茶室建在餐厅更为方便实用的了。茶餐厅式家庭茶室，可以在餐厅区域正中的墙面上，将书法作品“茶”字悬挂于中，既有点缀装饰作用，也反映全家人喜爱茶、热爱生活这样一种居家情调，同时让来访的亲朋好友感受到家庭饮茶的氛围。两侧配以中国传统水墨条幅，使茶室背景更显雅致和谐，从而进一步延伸茶的内涵。

在餐厅边也可设一个茶室。厨房和餐厅间一般有一块空地，这里也可布置一个茶室。不过，如果这里的空间不大，茶室要尽量简洁。在此设置茶室，既可将厨房和餐厅隔开，又使三者彼此相连，显得紧凑。

2. 书房式

在日常生活中，书房也是家庭品茶的极好场所。如果你设立家庭茶室主要是为了个人品茗爱好和求得一方宁静、放松的空间，不妨把书房与茶室结合。茶香书香相得益彰，更添

书房式茶室

几分高雅。如果有个别友人来访，在书房内用香茗招待客人，既显得十分雅致，也是情谊深厚的一种表达方式。

下面是几种书房式的家庭茶室：

喜欢喝茶，在书房一角设计摆放茶座，供家人休闲之用。喜欢传统文化，以明清家具为主，以线装书和画轴略作点缀，以供石和彩陶来衬托茶文化之历史悠久。茶具皆以宜兴紫砂为主，背衬绿色的龟背竹，以示生命不息。著名书画家为茶室一角题字，更显古意。

走进室内，左侧陈列着精致典雅的茶具，在柔和的灯光下，显得颇有品位；右侧是一排书架，在散发着书卷气的小屋内，还可以随意浏览悬挂在墙上的书画作品。中间仿古式的桌椅，既可用来读书写作，又可独自品茗，构思新作；或邀请三两知己尽情享受各款名茶，谈天说地。

书房的三面均为顶天立地的书架，架上摆满了主人所钟爱的藏书，分类科学、合理。书房的一侧摆放着大书桌，并配备了转椅。书桌上整齐地摆放着常用的文具和每天要使用的茶具。很显然，这是独立型的专用书房，也是主人品茗读书的家居场所。

3.其他形式

除此而外，还有其他几种形式的家庭茶室：

如果上述空间都不适合建造茶室，而家中正好又有前后两个阳台，不妨把其中一个改造成茶室，这样就每天都可以与阳光，做最亲密的接触。改造阳台茶室有两点需要注意：一是阳台的密闭性，最好能够双层密封，防止漏风漏雨；二是不要擅自拆除阳台与房间之间的承重墙，那样虽然美观一些，但是很危险。

阳台式茶室

如果不想兴师动众，随意一点，也行。阳台一角的布置，放置一把老式藤椅，一张小圆桌，铺上扎染的桌布，摆上盖碗和玻璃茶壶，一个品味下午茶的阳光茶室就展现在你眼前了。由此可见，阳台作为茶室，其清雅爽心的氛围也别具一格。

有时家庭茶室里的文化氛围并不一定体现在要有满墙的古籍、满屋的古玩，可能半卷诗书、一杯清茶足矣，就像一个真正的文化人可能往往是一袭布衣，这也是一种虚实兼备的设计理念的体现。

出于对茶文化的追求，特意在家里辟出一间茶室。用旧的柳桉木地板铺地；用古代建筑中的栏杆，靠在白色墙壁上；用古民居的木窗安装在大玻璃窗户上；选用至少有一两百年历史的榉木的矮脚茶几，放置茶具……

无论是在房间的装饰上，在“席地”的方式上，还是在茶具的式样上，设计都尽量带着古人流传下来的文化信息。当然，还配备了具有一定水准的发烧音响，包括备有中国的古代名曲，加上好茶好水，在这样的家庭茶室里，怎么会不是人生的一种享受呢?

休闲式风格的茶室，没有固定的模式，也可以不用刻意地装饰。只要觉得轻松自然就是最好的布置。随意地放几件别致的小饰物，不必讲究材料的档次，选用自己喜欢的茶具，在小小的茶室中品茗，得到彻底的放松。

总之，具有显著个性和独特风格是创设家居饮茶空间的主要追求。

确定好家庭茶室的类型和风格后，就要对其进行恰当的布置。茶室的布置往往就是家庭茶室文化品位、茶室文化氛围和茶室主人文化修养的综合体现。同时，茶室能否为品茶者提供一个高雅的审美环境，使品茶者获得修身养性的外在条件，茶室的布置是至关重要的。

红木茶桌

小贴士

茶叶保鲜小妙招：保存西湖龙井茶时，一定不要采用挤、压等方式贮放。炒制好的龙井茶极易受潮变质，必须及时用纸包成0.5公斤一包，放入底层铺有块状石灰（未吸潮风化的石灰）的缸中加盖密封收藏。贮藏得法，约经0.5～1个月后，龙井茶的香气更加清香馥郁，滋味更加鲜醇爽口。

茶室的布置既要合理实用，又要具备审美情趣，这是需要下一番工夫的，可从下面几个方面着手。

◇家具的选择

家具的种类很多，家庭茶室的家具按原料来源分，通常以选用木质家具、竹藤家具、铁艺家具的较多。木质家具可分为古董家具和仿古家具两个大类。

从上古中国人的饮茶习惯的养成到茶文化的发展，饮茶已经不单单具有生理需要和味觉感官享受的意义了。竹影婆娑，梅枝疏斜，通幽廊下，水榭凭栏；蒲扇一把，陶炉一通，邀三五好友，香茗慢啜。为了符合此意境，因而就有了多种多样、奇巧精美、轻灵潇洒的花厅或茶室专用家具问世。

为了追求饮茶时带有浓厚书卷气的高雅意境，中国传统的花厅、茶室家具明显不同于庄重、厚实的厅堂家具。譬如厅堂中的茶几和椅子的搭配，虽说功能同样是饮茶，但多是做得比较规正严肃，其意境情调就大不相同。譬如，现藏郑州古玩城的两款清代中晚期的茶室家具就显得清雅、潇洒、自在：其一为“红木梅花六方茶桌”，是清代中期作品，一桌六凳，饰以透雕梅花；其二为“红木云石面圆茶桌”，是清代晚期作品，桌为雕工细腻的普通云石圆桌，但所配四只弧形凳子显得精美协调。这就是所谓的“古董家具”。当然，各地的古董家具还有许多年代更加久远的。

仿古家具，也是一种艺术性很强的家具。它是按照我国明清家具传统款式和结构，特定的榫眼结构，采用花梨、紫檀等名贵木材加工制成，这类家具有很高的收藏价值。

广式红木家具

红木家具色泽庄重、纹理细腻，木质坚硬、沉重，造型幽雅、古朴，深得人们的喜爱。红木家具从广义来讲可包括用紫檀木、花梨木、鸡翅木、酸枝木等木材制成的各种硬木家具。其中以紫檀木质地最好，它一般呈红色，木质坚硬、沉重，木纹细密，带有油性，十分美观。

而一般中等质量的红木家具是用花梨木或酸枝木制成，其木质即带有紫红色、黄红色、赤红色或深红色等自然红色，木纹细腻美观，即使上了色，但仍清晰可见。

老式红木家具造型古朴、典雅，具有浓郁的东方情调，但这只是红木家具的一种风格。现代红木家具已有不少西式造型，如线条流畅、美观大方的造型西化的沙发、写字台等。另外，红木家具还具有地方和时代的不同风格。如京式（北京）的注重工精料实，广式（广东）的讲究粗壮雄浑，明式的讲究简洁实用，清式的讲究精雕细琢，等等。

近年来，由于上述名贵木材昂贵和短缺，有些生产厂家则采用材性纹理较接近的木材，如楸木，进行仿制，虽然形式一样，但价值却相差甚远。

人们对茶室家具的要求，首先是适用性，要给人们的品茗休闲带来方便，使品茗者的脑力和体力得到最大限度的休息。茶室家具的色彩应在视觉感受中，最大限度地满足人们的心理和生理需要。家具也是艺术品，它有自身的美学规律。但在家具布置和使用时，力求使它为营造茶室的幽静环境发挥作用。

就色彩而言，家具色彩是起着协调茶室内色彩的作用。一间茶室，在色彩上应有一个主调，一般室内色彩的主调由室内界面色彩（在这里指天花板、墙壁、门窗、地板）决定。由于家具在茶室内占的空间比较大，家具色彩也可以成为主调。在精心设计的居室中，往往是室内建筑色彩和家具色彩相互谐调统一，共同形成一种明显的主调色彩。茶室内陈设（在这里指窗帘、字画、工艺品、家用电器、日用品等）的色彩，只能作为茶室内色彩的点缀，而不能成为茶室内色彩主调。

◇书画的悬挂

柳宗元书法拓本

随着物质生活的丰富和追求层次的提高，茶室主人在自己的家庭茶室里品茶，目的是想让自己紧张忙碌了一天的身心得到彻底的放松。在优雅舒适洁净的饮茶环境中，不仅可以得到一种物质上的享受，而且还能获得精神上的愉悦。

千百年来，茶就与琴棋书画结下了不解之缘。在中国美术史上，曾出现过不少以茶为题材的绘画作品。这些作品从一个侧面反映了当时的社会生活和风土人情，几乎每个历史时期，都有一些代表作并流传于世。茶室主人希望在浓郁的茶香中静静地欣赏那一幅幅怡情悦目的名家字画，从而获得一种超凡脱俗的精神享受。

家庭茶室占地面积有大有小。大的可布置成中国传统的厅堂式。主墙的墙面上可悬挂一幅中堂国画，其两旁可以衬上一副对联（书法作品）。中堂上方可以悬挂一块刻有名人题写的匾。有的可在墙上挂一排四幅的国画或名人书法条幅。

茶室面积略小的，其室内可悬挂小品。有的可以仅在一面墙上挂一幅；有的也可在四面墙上，各悬挂一幅。品茶者无论座位处于哪一方，都可以观赏到墙上的字画。

茶室内悬挂的中国画，内容可以是人物、山水、花鸟，以清新淡雅为宜。盛暑时可挂“踏雪图”，寒冬时可挂“爱莲图”，也可在初春时挂“春江水暖鸭先知”，夏秋时挂“枇杷图”或“葡萄满架”。

中国字画的悬挂通常采用卷轴和画框两种形式。家庭茶室里字画的悬挂大多采用其中的一种形式。茶室内悬挂中国字画，位置恰当，大小相宜，就显得雅致而又秀丽。

中国字画小品，适宜镶在镜框里，框的颜色以深棕色调为好，显得高雅古朴。茶室里除了可悬挂中国字画外，也可适当用装饰画加以点缀。欧美式家庭茶室则宜于悬挂油画、水粉画，或水彩画。

茶画

◇植物的点缀

无论是以室内为主的茶室，还是以室外为主的茶室，绿色植物的点缀都是必不可少的。因为“茶”以生命的绿色为本质，奉献给人们的是纯真和质朴。绿色植物不仅具有美化环境、净化空气的作用，还有陶怡性情的作用。

在茶室的装修中，有时会使用密度板、涂料、油漆、橡胶、塑料等，这些建筑装潢材料中含有多种有害化学物质，主要有三氯乙烯、苯、甲醛。科学家们经过研究发现，绿色植物可以通过吸收现代建筑里潜在的有害物质来净化空气。科学家们选择了12种普通观赏类植物，然后研究它们对几种主要的室内空气污染物的吸收情况。试验结果表明，这些植物对空气中的污染物具有很强的吸收力。这些污染物可通过绿色植物叶片背面的微孔道被吸入植物体内，而且花卉根部共生的微生物也能自动分解污染物，并被根部吸收。比如芦荟、吊兰能在新陈代谢中，把甲醛转化为像糖或氨基酸那样的天然物质。

研究发现耳蕨、铁树、菊花能分解存在于地毯、绝缘材料、胶合板中的甲醛和隐匿于壁纸中对肾脏有害的二甲苯；红鹳花能吸收二甲苯、甲苯和存在于化纤、油漆中的氨；龙血树（巴西木）、雏菊、万年青等可帮助清除三氯乙烯。

在茶室里置放绿色植物，还有助于吸收二氧化碳，释放出氧气，净化环境。

茶室里恰当置放盆栽的绿色植物，与书画、古玩相比更富于生机活力，更富于动感。它可以从色彩上、质地上和形态上与茶室内壁、桌椅、陈设形成对比，以其自然美增强环境的悦目之感。

茶室装潢一般都趋向于简洁、明快，由直线构成。而植物的轮廓自然，形态多变，大小、高低、疏密、曲直各不相同，这样就有助于消除壁面的生硬感和单调感。

茶室里配置盆栽绿色植物，还可增加空间的表现力。如铁树与龟背竹由于叶大而具有很强的装饰性，棕竹、散尾葵、橡皮树等由于形态各异而别具情趣。

盆栽绿色植物，可以使茶室内的角落得到充实，从而起到美化空间的作用。

茶室内置放绿色植物，不仅能从形式上起到美化空间的作用，而且还可以和其他陈设相配合，使空间环境产生某种气氛和意境，可满足茶客的精神需要，并起到陶冶性情的作用。

茶室里绿色植物的恰当点缀，可使茶室显得更加幽静、典雅、情趣盎然。可以缓解工作紧张给人们带来的心理压力；赏心悦目、舒适整洁的品茗环境，可消解茶客因不良工作环境所造成的烦躁心绪。

绿色植物可增添茶室的宁静感和清逸高雅的气息。茶客在这样的环境中品茗、休闲，自然地会变得轻松、超脱、开朗、大度起来。

◇插花的运用

插花

茶室里放置插花，也是十分别致的。

插花按插花器皿及组合方式分为瓶式插花、盆式插花、盆景式插花、盆艺插花、筒式插花、小品式插花，以及特殊的插花形式，如花篮、悬吊式插花、浮花等。

茶室里宜选用瓶式插花和悬吊式插花。

瓶式插花，花的色彩不宜过分艳丽，以素雅为宜。和式茶室的整体布置极其简洁明快，或悬一画，或插一花，以显示出茶室幽雅、轻松、悠闲、清静的格调。

悬吊式插花，是将花器挂在墙壁上，供人们仰望观赏或侧方平视观赏。因此，一般均要求主枝横斜，或枝蔓垂挂。悬吊式插花的形体和重量以轻巧精致为宜。花器可采用专门的陶瓷悬吊容器，也可自制。花卉品种以洋常春藤、花叶长春藤、吊竹草、天门冬、吊兰、茑萝等藤蔓或枝叶下垂的品种为佳。

◇盆景的巧置

盆景是自然美与艺术美的巧妙结合。它始于唐宋，盛于明清，在我国已有一千二百多年的历史。

盆景基本上可分为树桩盆景及山水盆景两大类。

树桩宜选株矮叶小的木本植物，常用的有五针松、黑松等观叶类，

山水盆景

还有六月雪、杜鹃等观花类，石榴、南天竹等观果类。树坯要形态古雅苍劲、充满生机，或树势雄伟、盘曲多姿。

树桩盆景的造型，原则以曲为美，以疏为美，切忌直、正、密。

山水盆景是大自然山水的缩影。它往往“缩龙成寸”，收青山绿水、亭台楼阁、树木森林、村庄墟落于尺寸之间。其画面，或雄伟、或清奇、或秀逸、或苍古、或怪趣，有诗、有画、有情。

在茶室的博古架上，或几案上摆放一两件盆景，生机盎然，意境深远，别有一番妙趣。

◇音乐的烘托

小贴士

茶叶妙用：把喝剩下的茶叶用纱布包起来，蘸取适量的食用油擦拭塑料盆，之后再用少许洗洁剂清洗即可。相比传统用菜瓜布等用力擦洗的办法，此法避免了划伤塑料制品表面，而塑料制品表面划伤后会凹凸不平，则更加容易堆积污垢。

为了烘托家庭茶室的典雅氛围，在品茶时可以播放古典名曲、民族音乐等。这样更能显现出中国历史的悠久，茶文化底蕴的深厚。家庭茶室可以选用古琴乐曲、古筝乐曲、琵琶乐曲、二胡乐曲以及江南丝竹等。

古琴是我国古老的乐器之一，起始于周代，至今已有三千多年的历史。古琴，又称“七弦琴”。琴面标志泛音位置及音位的徽，定型于汉代。魏晋以后，形制已和现在的大致相同。琴身狭长形木质音箱，长约一百十厘米，琴头宽约十七厘米，琴尾宽约十三厘米。面板用桐木或杉木制成，外侧有徽十三个；底板用梓木制成，开有大小不同的出音孔两个，称“凤沼”、“龙池”。琴面张弦七根。演奏时，右手弹弦，左手按弦，有吟、揉、绰、注等手法。音域较宽（三个八度又一个纯五度），音色变化丰富。

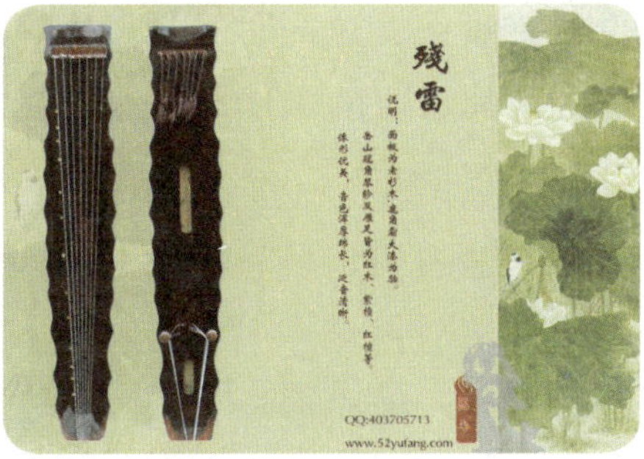

七弦琴

七弦琴在汉魏六朝时期曾是伴奏相和歌的乐器之一，隋唐九、十部乐中，也用作伴奏乐器。在长期的历史发展过程中，形成了独特的演奏艺术和各具特色的多种流派。自南北朝至清末，流传至今的古琴乐曲有一百五十余种。如《阳春白雪》、《高山流水》、《胡笳十八拍》、《广陵散》、《梅花三弄》、《阳关三叠》、《潇湘水云》、《渔舟唱晚》、《捣衣曲》、《平沙落雁》、《关山月》等。

美国曾在一颗宇宙卫星上安装了循环放送的唱片，上面收录了全球有代表性的七首乐曲，向太空中传送，其中就有我国的古琴乐曲《高山流水》。

古琴乐曲大都表现了古代文人的思想情操和生活，其内容反映了当时文人清逸超俗、愤世嫉俗、吟咏山水、洁身自好的情怀。在欣赏时应着重在意境和情趣等方面进行细细品味。

古琴指法复杂，最大的特点是“弹注”滑音，往往是弹了一声以后，在余音未失之前连续作二到三个滑音，形成“一音三折，余音袅袅”

茶叶

的独特效果。这时如同人声的吟哦一般给人以内在含蓄、幽深雅致的感受。这种手法的运用，构成了古琴乐曲的基本韵味。

古琴有九十一个泛音，在琴曲的开始与结尾，常用泛音段。古琴的泛音清越圆润，具有深远的意境。

筝，与古琴一样，为拨弦乐器。战国时，筝流行于秦地，故又名“秦筝”，现代俗称“古筝”。

筝的音箱为木制长方形，面上张弦，每弦用一柱支撑，柱可左右移动以调节音高，按五声音阶定弦。唐宋时，教坊用筝均十三弦，唯清乐用十二弦，以寸余长的鹿骨爪拨奏。近代筝为十六弦。后经改革，增至十八弦、二十一弦、二十五弦等，能转十二个调。

筝的传统演奏法是用右手大、食、中三指弹弦，用左手食、中指或中指、无名指按弦，以取得弦音的变化，现已发展为双手均可弹奏，表现力更为丰富。用于独奏、伴奏和合奏。

古筝乐曲有《渔舟唱晚》、《一点金》、《平湖秋月》、《高山流水》、《汉宫秋月》、《寒鸦戏水》、《将军令》、《四合如意》、《柳青娘》、《东海渔歌》、《林冲夜奔》、《彩云追月》、《茉莉芬芳》等。

琵琶也是一种古老的拨弦乐器。它的低音区醇厚结实，中音区优美洁丽，高音区清脆明亮，泛音则清越圆润。它不仅能演奏单音、双音，还能弹奏简单的和弦和复调旋律。琵琶的弹奏技法日趋丰富，现已成为独奏、伴奏和合奏的重要民族乐器。

二胡

琵琶名曲颇多，如《十面埋伏》、《浔阳夜月》、《月儿高》、《雨打芭蕉》、《石上流泉》、《春映》、《霸王卸甲》、《塞上曲》、《金蛇狂舞》、《飞花点翠》、《彝族舞曲》等。

二胡是拉弦乐器胡琴中的一种，其音色柔和优美，常用于独奏、伴奏和合奏。

二胡那深沉内在的音色和多变的弓法，不仅能拉出千愁百转、凄凉哀怨的旋律，也能奏出欢乐明快、热情奔放的曲调。

二胡的名曲有《光明行》、《病中吟》、《月夜》、《悲歌》、《空中鸟语》、《良宵》、《烛影摇江》、《二泉映月》、《听松》、《赛马》、《喜送公粮》等。

江南丝竹，是指流行在江南一带的丝竹音乐。“丝竹”是我国对弦乐器与竹制管乐器的总称。江南丝竹常用的乐器有笛子、箫、笙、二胡、琵琶、扬琴、秦琴、三弦等。这些乐器组合在一起，具有清新、秀丽、细腻、典雅、流畅、委婉、活泼和富有情趣的韵味。

早在清朝中叶，江南丝竹已在无锡、苏州一带流行，后来随着上海经济文化的发展，上海逐渐成为江南丝竹的活动中心。江浙两省也极为普遍。江南人民往往喜欢在家里或茶馆中聚三五琴友，品弦弄竹，自娱自乐，也为众人增添生活的情趣。

江南丝竹的曲调幽雅婉转，节奏从容平稳，富有优美秀丽的江南韵味，形成了江南丝竹特有的那种闲适、淡雅、轻柔、令人陶醉的情趣。

江南丝竹是合奏音乐，粗粗听来，所有乐器都仿佛在演奏同一乐曲，然而细细一听，各种乐器的演奏者则往往根据乐器的不同特点，对乐曲的旋律分别进行不同的变化润饰，各个乐器经常形成“你简我繁”的结合，使人们听起来显得丰富多彩，具有多声部的效果。

江南丝竹中用的曲笛，音色醇厚圆润，讲究连绵的气息控制，具有浓郁的水乡韵味。

江南丝竹的演奏形式很灵活，可以独奏，也可以由两件、三件、四件等不同乐器“重奏”，直到八九件乐器的合奏。乐器的多少不同，效果色彩也是各有特色。

此外，根据自己的爱好，播放一些轻音乐甚至现代流行音乐也无不可。

张一元茶庄
张一元

第七章

饮茶习俗

汉族地区的饮茶习俗

茶，不仅能满足人体的生理与健康、健美的需要，而且还成为人们进行社交的媒介及修身养性、陶冶情操的佳品。我国历来对选茗、取水、备具、作料、烹茶、奉茶以及品尝方法等都颇为讲究，因而逐渐形成了丰富多彩、雅俗共赏的饮茶习俗。再加之我国疆域辽阔，地区差异明显，各地区的饮茶风俗也各有特色，存在着明显的差异，这种差异不仅在于茶叶的种类和风味，而且表现在饮茶的方式方法上。造成这种差异的原因是多方面的。例如，生活在水乡的人喜欢喝红茶，这一方面与水质有关。河水比山水要软，有利于茶单宁溶解浸出，使茶红素较快地形成红浓的茶汤，茶汤与碎茶层次分明，有利于河水有机物质的沉滤。另一方面，也与气候有关。水乡潮湿，红茶比绿茶易于贮存，只要不霉变，冲泡后仍然有香甜味。此外，还有饮食结构的因素。水乡人平时较多吃鲜鱼活虾等高蛋白和糯米食品，多喝红茶有利于帮助消化、调和脾胃等。

总之，由于品饮方式的不同，饮茶的生理和情感上的需求不同，我国汉族地区饮茶风俗也呈多样性。

◇客家擂茶

茶水

擂茶，又名“三生汤”。主要流行于我国南方客家人聚居地。客家人作为我国汉族重要的一支，分布在我国湖南、湖北、江西、福建、广西、四川、贵州等地，人口总数已达7000多万。擂茶是客家人的传统饮茶习俗，由茶叶、生姜、生米仁为主要原料研磨配制后，加水烹煮而成，所以又名“三生汤”。不仅味浓色佳，而且能提神祛腻、清心明目、健脾养胃、滋补益寿。擂茶对客家人来说既是解渴的饮料，又是健身的良药。

小贴士

茶叶保存妙招：盛夏多雨，茶叶如保管不善，吸水受潮，轻者失香，重者霉变。此时，如把受潮茶叶放在阳光下曝晒，阳光中的紫外线会破坏茶叶中的各种成分，影响茶叶的外形和色、香、味。正确的方法是，把受潮的茶叶放在干净的铁锅或烘箱中用微火低温烘烤，边烤边翻动茶叶，直至茶叶干燥发出香味，便已妙手回春。

客家分布区域很广，根据他们所处地区的不同，可将擂茶分为桃江擂茶、桃花源擂茶、安化擂茶、临川擂茶、将乐擂茶等。各种擂茶除“三生”原料外，其他作料都各不相同，有加花生的，加玉米的，还有加白糖或食盐的，下面分别介绍。

桃江擂茶，是湖南桃江人饮用的饮料。桃江人喝擂茶的风俗由来已久。传说在很久以前的一个夏天，烈日炎炎，久旱无雨，连桃花溪水也快干涸了，旱灾使村民们颗粒无收。而且由于酷热无水，病毒传播，许多村民都得了病，浑身长满疱疮，最后溃烂而死。有一天，一位拄着拐杖的银须老者路过此地，见路边凉亭内躺着一位中年男子，双目紧闭，疱疮满身，流脓不止。老者当即解开随身所带包袱，取出一个有内齿的瓦钵，又从包袱内抓出一把茶叶，一些芝麻、花生仁放入瓦钵，用拐杖擂磨。擂磨成糊状，又请旁人舀来桃花溪水，倒入钵内。钵内之水顷刻变成乳白色。老者将钵中一半的水洒在病人浑身的疱疮上，将另一半缓缓喂给病人服食。过了一会儿，病人就清醒过来，甚至可以坐起。可是那位老者已消失得无影无踪，只留下那个瓦钵包袱，还有一根刻有“太白金星”四个字的拐杖。包袱内装满了芝麻、花生、绿豆、生姜和茶叶。后来村民们仿效老者的方法，擂出了洁白如乳汁的擂茶，患病的

擂茶

人喝了擂茶后都恢复了。擂茶在当地迅速传开，每当盛夏酷暑之际，村民们就把花生、芝麻、绿豆和茶叶混合在一起擂成糊状，用凉开水冲泡着喝，再也不担心生疱疮了。这种风俗沿袭至今，不仅成了日常饮料，还是桃江人民待客的佳品。

桃花源擂茶，流行于湖南常德桃花源一带。当地人民喜欢把生姜、生米、生茶叶放入擂钵内，用芳香的山楂木杖来擂茶。将钵内物擂碎后，倒入开水调匀，就做成了桃花源擂茶。桃花源地区与桃江地区相距不远，所饮的擂茶也十分相似。差别仅在于桃花源擂茶为咸饮，桃江擂茶为甜饮。桃花源擂茶色泽黄白，清凉解渴，是夏日消暑的极佳饮品。

关于桃花源擂茶的起源，相传为东汉“马援凿石室以安民，民间献擂茶以报德”。东汉建武中，“玉溪蛮”叛乱，东汉伏波将军马援率兵追击叛军至桃花源。时值七月酷暑，马援的士兵不堪炎热，多患疫疾，根本不能行军打仗，马援自己也患病，因此全军被困在桃花源。为了不使困军惊扰当地老百姓，也为了躲避夏日炎热的天气，马援下令在山崖下开凿石室，作为军队驻扎之所。他的治军严明感动了当地民众。一天，一白发老妪挑着一担黄白色的茶汤来到军营，禀报送来了治疗瘟疫的汤药。马援将信将疑地问：“是什么汤药?”老妪回禀：“是祖传五味汤。”马援听后，拿起一碗喝了一口，感觉滋味甜美，清凉爽口，遂一饮而尽。顿觉香入肺腑，口舌生津，畅快无比。连喝三大碗，全身大汗淋漓，四肢舒畅，往日的病痛顿觉消退了不少。马援大喜，当即命老妪传授制汤药的秘方在军营中使用。患病的士兵喝了此汤后，数日便恢复如初，甚至一些人原来就患有的风湿、痢疾、痨咳、肠胃病也奇迹般地治愈了。军队战斗力得以恢复，马援重整旗鼓，终于歼灭了叛军。

“五味汤”也就是擂茶，它之所以改名为“擂茶”，相传也是出

安化擂茶

自马援之口。原来，马援在制五味汤时，发现在石钵、陶罐等器皿中捣碎汤药原料十分吃力，就命人将石钵内壁凿出纹齿，使更容易捣成碎粒。并形象地称之为“擂茶”。马援为了感谢老百姓的帮助，下令把军中所带的盐巴分发给老百姓，还将盐巴放入擂茶中增加其味。民间传说马援还为擂茶添加了炒制的豆类和芝麻做作料，使汤色金黄，香味更浓。

安化擂茶，湖南安化饮茶习俗。湖南“百里不同风，千里不同俗”，有时即使“出门三五里”也“各处一乡风”。安化县与桃江和桃花源近在咫尺，但是擂茶的制作方法与风味上却迥然不同。安化擂茶的制作方法稍显复杂。原料有：花生米、绿豆、黄豆、玉米、南瓜子、大米、茶叶。制作时要先把这些全部炒熟，再放入擂钵，加入生姜、胡椒、盐巴等作料，用擂棒捣成粉状。用铁锅烧好一锅水，将捣成粉状的配料徐徐倒入锅中，边煮边搅拌均匀，片刻后熬成糊状，不能过稀也不能过稠，直到嘴喝得动为止。

安化擂茶，香中带咸，稀中有硬，每碗中有喝的，有嚼的，可当粥食，经饱耐饿。每当有客人来访，主人便操起竹筒子或木勺子，给客人盛上一大碗。如果客人不再想喝，就让碗中茶保持满状，直到告辞时，再一饮而尽。喝安化擂茶，主人一般会准备茶点，通常是花生、红薯片、辣椒萝卜条、南瓜子、盐姜、巧果片等，分别用八只小花碟盛着摆在八仙桌上，取“桌摆八，有财发”之意。

安化人天天喝擂茶，把擂茶充当午餐。平时将炒熟捣碎的配料用瓷坛盛好备用，喝时只要烧开水，倒入配料，加入盐巴与胡椒粉熬成糊状就可以了。

再谈临川擂茶。相传南宋时，临川地区瘟疫流行，为了抵抗疫疾，出于保健的目的，人们把茶叶、芝麻、胡椒、糯米、食盐拌在一起置于擂钵中用木棒捣碎。再将捣碎成糊状的配料放入锅中熬煮，水开即可饮用。饮用一段时间以后，患病的村民逐渐好传，瘟疫也渐消。此后，这种饮法沿袭下来，成为传统风俗，在当时流传甚广。至今，每当亲友来访，主人都会亲手制作擂茶招待客人。逢年过节，婚嫁添丁、孩子满月或过生日等喜庆日子，也都制作擂茶。擂茶成为祝福美满、吉祥如意的象征。

将乐擂茶，是福建省将乐县饮茶习俗。制作时，将绿茶、白芝麻、花生仁等置于擂钵中，手握擂棍在钵中来回旋转，使研成碎泥状。再用捞瓢捞起，放在白纱布上过滤，片刻后将滤过的碎泥状配料倒进瓷壶中，往壶内注入滚沸开水，盖上壶盖闷3～5分钟就做成了茶汁似乳、香浓味甘的擂茶。制成后要趁热饮用，令人口舌生津、心爽神清。夏季在配料中加入一些淡竹叶和金银花，可清热解暑，秋冬季加入陈皮等中草药可祛寒暖胃。

擂茶是我国绚丽多姿的茶文化百花园中的一朵奇葩，是我国古代饮茶风俗习惯的延续，堪称古代文明的活化石。

◇闽南午时茶

午时茶是主要流行于台湾、闽南、粤东民间的一种保健药茶，于每年端午节这一日午时沐浴、泡茶，据说能起到保健作用。端午节这天中午，家家户户像北方人赶庙会似的涌向村中的井边，目的就是等候提取午时的井水。为了这午时的水，人们会排成长队。据说端午节午时的水加入一些白酒和少许雄黄粉，用以喷洒房间庭院，或洗澡、洗脸、洗手脚，入夏就不会生痱子，外出不会被蛇咬。人们相信如用午时水泡饮午时茶可治百病。此外，在台湾、闽南、粤东，每到端午节，人们还习惯泡饮另一种独特的午时茶，因是将茶叶放入柚子内加工而成，所以又称之为“柚茶”。一般是在上一年的夏末秋初柚子大量上市时，选购当地出产的蜜柚加工而成的。其制法是：切开柚子，以1／4为盖，压挤入乌龙茶约125克，然后用线缝合，像灯笼似的一个个挂在雨水淋不到的屋檐下通风处，让其自然风干。等到端午节，就取出柚中茶叶冲泡。这种柚茶特别适宜于患有胃病、消化不良、慢性咳嗽、痰多气喘等症的人饮用。当地端午节以薄饼为节日午餐主食，人们取柚茶烧午时水泡饮，具有健胃、消食、解油腻等作用。

闽南午时茶的原料——柚子

◇武夷山入敬茶

福建武夷山地区早在宋代就流传着“客至莫嫌茶当酒”的风俗，如有客到，先寒暄问候，热情邀请客人入座，这时主人家会立即洗涤壶盏，生火烹茶，冲沏茶水，敬上一杯香茶。主人讲究“端”、“斟”、“请”；客人则留意“接”、“饮”、“端”。主人以左手托杯底，右手拇指、食指和中指扶住杯身，躬着腰，微笑着说：“请用茶。”饮茶人双手接杯，道声“谢谢”，端杯细品，赞茶叶佳好。一道茶后，寒暄叙话，主人复斟茶，客人饮毕主人不能将余泽倾倒，要待客人走后方可清理，洗涤茶具。

小贴士

茶叶妙用：残茶叶晒干后，可以装入枕套充当枕芯，非常柔软。

茶艺

◇江西“太子茶”与“表嫂茶”

江西省境内的茶俗可谓千姿百态，异趣多彩。

位于江西北部的修水县是名茶之乡，出产的名茶有宁红茶、双井茶等。双井茶久负盛名，宋代文豪欧阳修曾写诗赞之曰：“西江水清江石老，石上生茶如凤爪”，“长安富贵王侯家，一啜犹需三日夸”。而修水籍诗人、书法家黄庭坚更赞双井茶“万里名茶动京关”。汤色如琥珀的宁红茶同样蜚声海内外。道光年间俄国皇太子品啜之后，大加赞赏，决定非宁红茶不饮，宁红亦得了一个响亮的名字——“太子茶”。但作为大众茶在民间流传得最广的却是菊花豆子茶，又称菊花茶。

宁红茶园

菊花豆子茶以菊花、萝卜、生姜、芝麻、黄豆等为原料制成。先要将菊花剔除花蕊，只留花瓣、晾干撒盐腌制；把白皮红心的小萝卜洗干净后切成丁。晾干撒盐腌制，将生姜切成丝加盐腌；把芝麻、黄豆放入锅内炒熟。这五样作料制成后分罐储藏备用。喝茶时，各取出少许放入盖碗中，再放入双井茶4~5克，用沸水冲泡。冲泡好后，“上不见水下不见底”。主人将这碗热气腾腾的菊花豆子茶捧给客人，客人在喝过几轮后如果不想再喝了，可以用左手斜托碗底，右手轻拍茶碗侧面，使茶叶在振动落下集中在碗边沿，然后用右手中指将剩下的茶叶和作料扒进口中，细细品尝。菊花豆子茶香味浓厚，微带有辣味和咸味，口感鲜嫩，极具营养价值和药用价值。如果更讲究一些，还可在配料中加花椒、柚子皮，称“什锦茶”。

除修水茶俗外，江西省安福县一带的妇女茶有喝“表嫂茶”的奇特习俗。妇女们自备茶壶，从农历正月十六开始，每天早餐到村里一户人家里喝茶。从村里第一家开始，一天喝一家，直到喝到村尾最后一家为止。壶里盛装着自产的上等茶叶和姜、芝麻、橘皮之类的配料，用水冲泡后，风味香美独特。这是农村妇女们喜迎春天的一种表达方式，在它们自备的茶壶上都各自标有记号，如果壶上系着丝带，则表示春暖花开的意思。

◇台湾柚子茶

台湾的少数民族本来没有饮茶习惯，自闽粤一带移民增多，广种茶树，台湾饮茶之风日盛。饮茶渐渐成为台湾人的生活习惯。台湾的饮茶方式和茶俗都受到闽粤的影响，又具有宝岛特色。

郑成功雕塑

相传民族英雄郑成功少时积累了许多茶叶药用验方偏方，后来率军收复台湾，目睹闽台两岸贫苦百姓遭受瘟疫折磨，就将军中贮藏的陈年柚子茶分送给缺医少药的百姓，治好了他们所染的疫病，老百姓为了纪念他，将柚子茶称为“成功药茶”。这种柚子茶是由柚子和茶制成的，一般在冬天制作。其方法是：采下成熟的白柚，放置几天，使柚皮稍软而有韧性时，将柚蒂周围的皮切去一片，挖一个小孔。再从小孔把柚肉挖出，剔除子、核，挤出柚肉的浆汁，按适当的比例，将茶叶、柠檬、中药材和挤去浆汁的柚肉混合搓匀，填入柚子内，再盖上原先所切的柚皮，用细绳绑牢后，经反复蒸、晒，每一回约需3小时。蒸后要放到阳光下暴晒，晒时要加压木板，使之逐渐脱水，这样加工过的柚子茶呈圆扁形，干硬如同石头，可保存十年以至二三十年，经久而不变味，而且越陈越香。饮用的时候，将柚子茶装在容器里，加入冰糖，用开水冲泡即可。此茶有着柚子特殊的芳香，味清甘而温和，具有降火、止咳、化痰、降压的功效，最适合老人、小孩和妇女饮用。

◇广东"敬三茶"

广东海丰、陆丰一带通常以"敬三茶"来招待宾客。所谓"敬三茶"，即客人登门拜访，主人必分三次敬茶，而且敬茶的种类不一，方式也不同，为的是表达对客人的热情之心。"敬一茶"，先泡条形茶。当地人泡茶非常讲究，除用好茶招待以外，还要准备精美的茶具。"敬二茶"，通称"点心茶"。做点心茶有特制器具，如擂钵、擂锤，还有盛点心茶专用的斗形瓷钵等。用的原料是碎粒茶，配上黑芝麻粉、油渣、麻油及辣味调料等，与面条同煮。煮好后盛入瓷钵内，吃时加盐酥花生和米拌和，要连续吃两三碗，才算领受敬意。"敬三茶"通称"礼饭茶"。用过点心茶后，到了吃中、晚餐时饮用。主料是香米和碎粒茶，加火腿丝、白果肉、莲子肉、桂圆肉、红枣肉、黑芝麻（擂碎）、盐酥花生（擂碎）、麻油、酱油、味精等，茶香味浓。

◇德清咸橙茶

浙江德清有喝咸橙茶的习俗。咸橙茶，也叫烘豆茶、"防风茶"，咸香适宜，风味独特，用以待客或休闲自用。其冲泡方法是：先将细嫩的茶叶放在茶碗中，用瓦罐煮的沸水冲泡；而后将腌过的拌着野芝麻的橘子皮放入茶汤，再加些烘豆或笋干等作料，共有15种之多，稍倾即可趁热品尝，边喝边冲，最后连茶叶带作料都吃掉。"橙子芝麻茶，吃了讲胡话"，意思是指咸橙茶有明显的兴奋提神作用，尤其在冬春之交，夜特别长，当地人晚上吃了咸橙茶，白天的疲劳顿消。至今，这一习俗仍在湖州一带颇为盛行，咸橙茶为逢年过节馈赠亲友和招待贵宾的必备之物。

德清咸橙茶

◇闽南侨乡七分茶

早在1000多年前，宋代王安石就在他的《义茶法》中说：“夫茶之为用等于盐米，不可一日以无。”今天在我国福建省南部一带，人们仍把茶叶称为“茶米”，因为他们把茶叶在人们生活中的地位看做与大米是等同的。闽南产茶在宋代就已出名，显赫一时的贡品龙团就出自于这里，后来又有享誉海外的乌龙。闽南人民酷爱饮茶的风俗与当地悠久的产茶历史是分不开的。在好客的闽南侨乡，主人往往会把家中藏的质量上乘的铁观音、毛蟹、黄旦、水仙拿出来待客，他们的冲泡方式也十分讲究，不能用温度过高的沸水来冲泡茶叶，因此水壶的水烧开了以后，并不马上冲泡，而要等到水壶出炉片刻后，再把开水冲入放好茶米的茶壶内。冲泡手法讲究高冲低斟，即将开水冲入壶时，手提茶壶要高，使开水直泻入茶壶内，茶叶在壶内上下翻滚。用茶壶往杯内倒茶时，则壶应低提，使壶嘴几乎挨着杯口，这样茶香不会跑掉，斟茶只能斟七分满，过满可能会烫伤客人，因此这种茶叫做“闽南侨乡七分茶”。

◇江苏“阿婆茶”

在江苏省昆山县的农村，流传着吃“阿婆茶”的风俗。说到“阿婆茶”，早在明代洪适的《清平山堂话本》“快嘴李翠莲记”中就提到了“阿婆茶”的名称。李翠莲伶牙俐齿、性格泼辣，为公婆所不容。一次，公公向她讨茶喝，李翠莲来到厨房，刷洗锅儿、煎滚了茶，又到房中打点了各式果子，泡了茶，托到公婆堂前，口说道：“公吃茶、婆吃茶，伯伯、姆姆来吃茶……此茶唤作阿婆茶，名实虽村趣味佳。两个初煨黄栗子，半抄新炒白芝麻，江南橄榄连皮核，塞北胡桃去壳枳。两位大人慢慢吃，休得坏了你们牙。”可见，元明时期，江南农村就已流行这种吃“阿婆茶”的风俗。“阿婆茶”是农村妇女农忙结束后的休闲方式。每当田里的活干完了，村里的妇女们就相互吆喝着吃茶。她们

阿婆茶

约定今天在这家喝，明天到那家，每家都要轮到，而且喝茶的都是一些婆婆、婶婶们，男人不能参加。这些姑娘、婆婆们坐着拉家常、做针线活，嘴干了就喝茶。“阿婆茶”喝起来还真有讲究，水要用河里打上来的活水，并且用明矾打过。水壶是祖传的“铜吊子”。炉子是手工制作的用烂泥、稻草和稀而成的“风炉”。这种“风炉”火烧得又快又旺，又省柴。妇女们喝茶时，把“铜吊子”放在“风炉”上，边煮边喝，煮出来的茶又酽又香。还要配以茶点，主要是咸菜苋、酥豆、酱瓜、菊红糕之类的土特产。妇女们谈论的都是一些家庭琐事，比如儿女的婚姻、婆媳关系等。两三个小时后，茶喝完了，还要约好下次的东道主大家才散。

◇江南熏豆茶与谷雨新茶

江南小镇南浔一带，今属浙江湖州地区，盛行一种熏豆茶，用碧螺春茶、青豆、胡萝卜、野芝麻、橘皮、桂花制成。方法特别烦琐，一般用来招待贵客。首先，青豆要事先用烟熏好，胡萝卜要切成丝状晾干，野芝麻要先晒干后再放入锅内炒熟，橘皮要用香浓色红的福橘皮，用盐浸，桂花也要用盐腌过。这些都准备好，各取少许放入盖碗中，用沸水冲泡，加盖等候5

小贴士

南浔镇位于浙江省北部，湖州市东部，东北部与江苏省震泽镇毗邻。属太湖流域和杭嘉湖平原，居长江三角洲经济区腹地。南浔镇是独具魅力的旅游胜地，名胜古迹众多，与自然风光和谐统一，充满着浓郁的历史文化底蕴和灵气。

分钟后，可饮用。打开碗盖，顿时一阵清香扑鼻，再看碗中，红、绿、黄三色相间。稍啜一小口，茶汤微咸，只觉入口清爽无比。

江南人民还有喝谷雨新茶的习俗。谷雨季节是采茶的黄金季节，民间流传喝了谷雨这天采摘的茶叶，有病治病，无病健身。谷雨这一天，江浙一带人民将刚采摘下来的雀舌炒制烘干后用开水泡着喝；湖南北部人民则用刚采摘的新茶打擂茶喝；湘西人民熬油茶汤喝；洞庭湖区人则用谷雨茶泡姜盐豆子茶喝。总之，各地人们都把谷雨这一天看做是饮新茶的日子，只不过各地饮茶方式各有不同。谷雨这一天，各地茶农们都会将当天刚采下的鲜茶叶带到集市上去卖，这已成为一种习俗。

◇苏州香味茶

谷雨新茶

苏州人爱喝香味茶。这种茶是用晒干的胡萝卜、青豆、橘子皮、炒熟的芝麻和新鲜的豆腐干加少许绿茶冲泡而成。盖一掀开，一股沁人心脾的香味扑面而来，喝起来更是香醇浓郁，风味独特。品尝香味茶一定要先将作料吃掉，然后再慢慢地喝茶，绝对不能吐掉，否则就是失礼。每逢佳节，沏泡香味茶时，作料就比较讲究了。这时，晒干的胡萝卜换成了烧熟的笋，再加上一些糖桂花、糖浸橘皮、芝麻，喝起来香喷喷，甜蜜蜜，咸滋滋，甘美可口，沁人肺腑。冲泡至第二、第三回时，香味越来越浓，令人回味无穷。

◇湖北菊花茶

湖北九宫山下的山民们常饮一种清冽芳香的菊花茶。这种菊花茶实际上由“茶菊”制成，而非我们平常饮用的茶叶。“茶菊”一般种植在田边垄旁篱下，如两分钱硬币大小，色白，近花蒂处略带淡青黄色。每年寒露至霜降期间采摘。将花蒂掐去，只剩花瓣，洗净后晾干，盐渍。盐化后轻轻搓擦，再装入罐中密封几天后就可用来泡茶了。一般单以菊花泡茶，不加其他作料，但也可与绿茶同泡。青茶白花、交相辉映，茶香与菊香相互渗透，滋味甘醇，回味无穷。也可加入橘皮，把橘皮洗净晾干，剪成细粒，与菊花一起盐渍储存，冲泡时再取出。橘皮以皮薄味香的南丰蜜橘皮为上。除橘皮外，还可添入生姜、茶芎等物。但人们仍觉不够，又加入炒熟的花生米、芝麻、黄豆、萝卜干，甚至“米泡”（即爆米）。这样冲泡出来的茶又能喝又能嚼，风味别具一格。九宫山下千姿百态的茶俗不胜枚举，有清心明目的菊花茶，还有玉芦茶、枣饼茶、薯沱茶等，味道之美、种类之多令人叹羡不已。

◇湖南烟熏茶、六合茶、湘东煎茶、姜盐茶

居住在湖南桃江、安化、宁乡三县交界处的人民有喝烟熏茶的习俗，每年谷雨前后，大都是细雨蒙蒙的天气。此时茶枝上已长出形如雀舌的肥壮芽梢，正是采茶的黄金季节。但是采摘下来的雀舌不宜久放，如果不及时加工就会变质。而推迟采摘时间，茶芽又会长老，是茶农的一大难题。相传古时候有位居住在桃江、安化两县交界的六马仑上的老茶农采下茶芽后，偏逢雨季，只好将茶叶揉捻后，摊在竹筛上。又捡来许多枫球子点燃生起烟火，用烟慢慢将茶叶熏干。没想到的是熏干的茶叶带有特殊的烟香味而大受欢迎。这种做法也逐渐在这一地区发展开来。有些地方还在枫球堆上添一些大米熏制，使茶叶的烟香味更重。宁乡烟熏茶茶水呈深红色，烟香阵阵，喝后提神醒脑，精神大爽。不仅当地人酷爱，还远销新疆等回族聚居区。

湖南湘阴人喜欢喝姜盐豆子芝麻茶，该茶又称“六合茶”，因用姜、盐、黄豆、芝麻、茶叶和开水六物混合而成，故名。其制法是将

炒黄豆、擂生姜、少量食盐、芝麻、茶叶放在一起，用水冲泡。如单以芝麻和茶叶冲泡的，称“芝麻茶”；单以生姜加茶叶的称为“姜茶”；单以花生加茶叶的称“花生茶”；单以黄豆加茶叶的称“豆子茶”。一般湘阴人家里无论春夏秋冬，灶里常煨着一罐开水。客人来时，主人便冲泡此茶待客。主人倒茶时，一边摇晃着盛茶的罐子为的是把茶罐的豆子和姜摇到上层倒给客人。如果是贵客到来，主人还会在茶中加枣肉之类以示尊敬。客人喝茶时，主人会不停地倒茶，直到客人再三申明不能再喝了，主人才不再斟茶。这时，客人要把杯中剩余的茶料吃掉。在湘阴，调制姜盐茶通常为家庭主妇的职责，调制水平的高低是当地人评价主妇是否贤淑的重要标准。

六合茶

湖南东部的浏阳、茶陵、炎陵等地喜将红茶放在一土罐内（茶量占罐的三分之一），盛满泉水，置于火塘上烧烤，待罐中茶水煮沸后，注入茶盅即可饮用，名曰湘东煎茶。煎茶色泽红艳，香气浓郁，常以油炸麻花、糖果、饼干等点心佐饮。

位于洞庭湖西南的南县流行着一种叫姜盐茶的茶俗。这种姜盐茶与湖南湘阴的姜盐豆子芝麻茶在制法上稍有区别，主要是盐姜的制法不同。洞庭湖盛产生姜，每到秋季生姜熟了，当地人用剪刀将姜须、姜苗剪掉，洗净泥土，分瓣扯散，刮净姜皮，切成片或丝，放入浓度为1%的明矾水中浸泡半日后捞出，加盐腌渍。每日翻动一次，三五天后，把姜取出晒干贮存。饮用时取出，与茶叶一起冲泡，也可以加入熟芝麻和熟豆子等其他作料，冲泡出来的茶汤色泽淡黄，有辛辣味和咸味，能驱寒暖胃，最适合在冬季饮用。

姜盐茶

◇陕西烤茶、罐罐茶

陕西汉中东南180余公里的镇巴一带，山民春夏秋冬四季都喝烤茶。镇巴人性格简朴、率直、热情，爱喝浓酽茶，招待客人亦用烤茶。客人在火塘边坐定，主人就把几只搪瓷茶杯摆在火塘边，用火塘灰将它们擦拭一遍，再以清水洗净，擦干。茶叶放在挂在火塘近旁屋顶上的“雀儿窝”（形似鸟巢的竹篓）里，伸手可及。从中取出一大把的上等手工晒青茶，分别放在刚才准备好的茶杯中。主人将火拨旺，手持茶杯在火焰上烘烤。要边摇边烤，使茶叶受热均匀，直到茶叶散发出焦香味。主人这时快速将茶叶翻炒几下将杯子放在一边，用小葫芦瓢从火塘上的锅中舀出沸水注入杯中，此时冲泡仍未结束，还要把这杯茶水放在火塘中煨煮，直到水沸腾后将杯端起，吹去茶水上的浮沫，才以双手捧给客人。烤茶滋味浓厚、焦香浓郁，虽然有点苦味，但是片刻后喉间即感润泽甘美，回味无穷。

与镇巴县遥遥相对的汉中略阳县一带流传着一首古老淳朴的歌谣：“好喝莫过罐罐茶，来客茶叶加油炒，火塘烤香‘锅塌塌’，熬茶的罐罐鸡蛋大。”这歌中的“罐罐茶”就是当地盛行的一种饮茶习俗，据传属古羌族的遗风。当地还有一首民谣是这样唱的：“东南路里水泡茶，城西两路面罐茶。北路河里油炒茶，熬茶的罐罐鸡蛋大。”歌中出现的面罐茶和油炒茶正是罐罐茶的两种。

煮面罐茶一般事先要准备好作料，将核桃、豆腐、鸡蛋、腊肉、黄豆、粉条、花生、油炒酥食等原料切成碎丁，分别用油加五香调料炒好备用。再用一个高约15厘米，直径12厘米左右的大罐来熬面浆，在罐中注入大约三分之二左右的水，加适量食盐以及葱、姜、茴香、花椒、藿香等香料入内，放在火上烧煮，水沸后，把用凉水调成的面浆兑入，边兑边搅动，煮熟后放在一边待用。接着取出一个稍小一点的罐（大约高12厘米，直径10厘米）用来煮茶，把茶放入罐内，一般是带有梗秆的粗老晒青茶或紧压茶。加水煮沸，茶汁充分煮出来后，将茶汁倒入刚才煮面的面罐内，搅拌均匀后倒入小碗内饮用。饮时加入刚才备用的作料。由于作料的比重不同，会在面茶中悬浮成上、中、下三层，因而有“三层楼”之称。面罐茶的烧煮技术性很强，在当地烧得一手好面罐茶的主妇是公认的贤惠称职的好主妇，会受到人们的尊敬。

小贴士

茶叶妙用：把茶叶撒在地毯上，再用扫帚拂去，能带走尘土。

罐罐茶的另外一种“油炒茶”一般用来款待较尊贵的客人，如年长者或远道而来者。用来烧茶的瓦罐只有拳头般大小，古朴可爱。敬茶用的茶盅也是小巧精美的“牛眼”茶盅。茶罐要先放在火塘边烤热，再加入一小勺猪油或菜油烧开，挪出火塘放在一边稍凉片刻后加入一小勺猪油或茶油烧开，挪出火塘放在一边稍凉片刻后加入一小勺白面，同时将一枚香杏仁或一瓢核桃仁捣碎加入罐中。再次将罐移入火塘，上下左右翻炒，炒好后再添油烧热。此时可将上等细嫩茶叶放入，加适量食盐再次翻炒，直至茶香溢出，加水煮沸斟入茶盅。油炒茶香气高爽，汤色红艳，提人精神，别具一番风味，主人双手敬茶给客人，客人双手接过茶盅后要先闻香气，观汤色，再分三五口慢慢饮下，方显彬彬有礼，尊敬主人。

面罐茶

◇七轩茶

中国中部至南部地区流行喝七轩茶，尤以安徽和苏州一带最为盛行。所谓“七轩茶”，就是向不同姓氏的七户人家收集七种茶叶。其实按照古老的规矩，应该是向100户人家收集茶叶，但由于100户太多，所以才象征性地改为七户人家。据说让孩子喝下这些茶叶所泡出来的茶，便能终身保持身体健康，所以父母通常会为孩子的健康举行喝七轩茶仪式。七轩茶还可治胃病，不仅对小孩子有利，对大人也有益。收集茶的时间应选在立夏这天。

◇汉族其他地区的奇特茶俗

饮茶习俗贯串于汉族人民的整个生活当中，这也从一个侧面反映了饮茶在中国人民生活中的地位。除了日常饮茶之外，在汉族的婚俗恋俗之中，也包含了不少奇特、新颖的饮茶习俗。

在福建福安一带农村，流传着这样一种风俗：凡未婚少女出外做客，是不能随便喝别人家的茶水的。倘若喝了，就意味着同意做这家的媳妇。当地人认为茶树至性不移，因此结婚必以茶作为信物，表示媒妁已定，不能更改。因此，未婚女子不能随便喝人家的茶。

这一带村民结婚拜堂的第二天，新娘要上堂见夫家的女眷，并敬糖茶，叫“新妇茶”。糖茶用茶叶、红枣、冬瓜糖、冰糖、炒花生仁冲泡而成，用小茶盅装盛，每盅配一把银汤匙以备搅拌和舀食。夫家女眷们分别坐在堂屋两旁，新娘在伴娘的引导下，逐个向长辈施礼，认亲，一边要双手捧着糖茶敬奉，夫家女眷们喝完茶要向新娘回赠红包，作为见面礼。“新妇茶”甘甜可口，以此象征新娘从此与夫家女眷和睦相处，生活甜蜜。广州、香港、澳门的新娘在初过门时也要向公婆敬类似的新娘茶，不过茶中仅有红枣，寓吉庆之意，公婆回赠的红包也改称“利是”。

湖南省的婚俗有“三茶”之说，分别指提亲、相亲和入洞房前三次沏茶。媒人上门提亲时，以一杯糖茶相敬，有美言之意；男子上门相亲时，姑娘要递之以清茶一杯，对方饮后，将贵重物品或钱钞放于空杯中送还女方，姑娘收下则表示心许；入洞房前，用红枣、花生、龙眼与茶一起冲泡，并将冰糖拌入招待宾客，意指早生贵子跳龙门。

洞庭风光

湖南北部的洞庭湖地区，新婚夫妇拜堂入洞房前要饮交杯茶。由男方家的姑娘或姐嫂用四方茶盘盛两小盅红茶，双手献给新郎新娘，新郎新娘都右手执盅，手腕互交挽绕，各自将茶一饮而尽，象征夫妻恩爱、家庭美满。

桃江一带，新婚之日，新郎新娘以擂茶招待贺喜的客人。茶房内备好多个长方形红漆盘，内放八碗洁白如奶的擂茶（每张桌八个客人），新郎新娘二人双手恭敬地将茶盘抬起，每桌放一盘，所以这种茶叫“抬茶”。新婚夫妇抬茶时，接到茶的客人必须送一句吉祥话，称“赞花词”。“赞花词”多用双关语，妙趣横生。

湖南中部农村，在结婚前一天晚上，男家一般要闹花夜，邀请舅、叔等亲戚举办茶宴和酒宴招待，还特意请民间艺人演唱鼓戏，边吃茶点，边听戏。

湖南湘阴人闹洞房时，常饮“姜盐茶”，有专人敬茶，并在宾客中巡行，随时为他们添茶。宾客中年轻人分成两派，比试海量，将婚礼推向高潮。或与新郎新娘戏谑，宾客为一方，新婚夫妇为一方相斗，新娘不能喝了，由新郎代劳，直到新郎再三告饶方罢。

少数民族地区的饮茶习俗

◇蒙古族的奶茶

茶在蒙古族人的饮食中占有很重要的地位，他们早晨和中午都只吃

蒙古族奶茶

茶、乳和乳制品，因此每天是“一日三餐茶”，“一日一顿饭”。每日清晨，第一件事就是先煮一锅奶茶供全家整天享用。在蒙古的草原上，到处飘着奶茶的芬芳。

蒙古族牧民长期过着逐水草而居的生活，不论迁徙到何处，迁徙如何频繁，都忘不了熬奶茶。草原养育了无数的牛羊驼马，以乳、肉给牧民们充分的热量，但草原上食用蔬菜较少，不能提供足够的维生素。茶能解渴，给人们补充人体所需成分。因此，茶进入边疆后，便成为当地人民时刻不可缺少的生活必需品。

蒙古族喝的奶茶，用的多为青砖茶或黑砖茶，煮茶的器具是铁锅或大壶。制作时，先把砖茶打碎，并将洗净的铁锅置于火上，加入足量的水，烧水至沸，投入打碎的砖茶。当水再次沸腾5分钟后，滤去渣滓，掺入适量的奶，用量为水的1／5左右。边煮边搅动，有的此时加入适量盐巴或调料，有的不放。等到整锅奶茶开始沸腾时，即可盛起饮用了。

客人到来时，客人按身份次第坐于主人两旁，面前的小几上摆放着炒米、奶豆腐、盐与糖，此时，一碗碗褐色的乳茶端到客人们的面前。喝茶时，不能一口饮下，每次留下一点让主人不断添加，不然，就没给主人留下敬客的余地，是不恭的。直到最后结束时才可一气饮完。为了表示对客人的特别敬重，待客时，备有白糖与盐巴，任客人选择添加咸甜不同的滋味。炒米类似内地的稷子，抓一把，直接放入口中，半天嚼不烂，也可放在茶中一起饮用。奶豆腐加白糖，吃上一小块，半天也不觉饥饿。初尝奶豆腐，可能会不习惯，但奶茶的芳香可解味觉之苦。当地草木葱茏，蔬菜却不见，食着高蛋白和不易消化的食品，茶便成了帮助消化和增加维生素的必备品了。饮茶期间，主人不断添加，客人们说着祝福的话，最后一碗奶茶便可饮尽了。于是，客人施礼相谢，主人出帐送行，这奶茶敬客之礼才算完毕。

在蒙古草原上，奶茶不仅用于日常生活和待客，与其他民族一样，在重大节日里，也被放在十分重要的位置上。如请喇嘛诵经，事毕要献哈达，并赠砖茶数片。每年秋季的甘珠尔庙会或盟、旗召开的那达慕大会，都要行奶茶之礼，会上交易自然是砖茶为大宗。

小贴士

茶叶妙用：煮牛肉时除了放入各种调味品，还可以再加一小布袋普通茶叶，同牛肉一起烧，牛肉熟得快，味道清香。

◇维吾尔族的奶茶

奶茶也是维吾尔族日常生活中不可缺少的。在新疆，无论是天山北麓的辽阔草原，还是南疆塔里木盆地的绿洲，每个阿吾勒的毡房和乡村小镇的农舍，都散发着奶茶的浓香。在当地有“无茶则病”、“宁可一日无食，不可一日无茶”之说。这里冬季寒冷，夏季干热，牧区和高寒农区肉食较多，蔬菜很少，奶茶可以帮助消化，可驱寒、解渴。

天山风光

除奶茶外，维吾尔人还爱用奶皮茶。其做法与奶茶大致相同，既在茶中加入鲜奶，还要放入奶油和奶皮。此外还有人喜食甜茶，即把砂糖块放在茶水中饮用。有的家庭喜食核桃茶，将碾碎的核桃仁放入大茶碗中，以煮好的茶水冲饮。

在饮茶习惯上各地又因所处的地域不同而有所差别。天山以北（北疆）的维吾尔族多喝奶茶。天山以南（南疆）的维吾尔族喜欢喝清茶或香茶，有时也喝奶茶。清茶的做法是先将茯砖茶劈开弄碎，依茶壶容量大小放入适量碎茶，加入开水用急火烧煮沸腾即可；不可用温火慢烧，因为烧的时间过长，就会使茶汤失去鲜爽味并变得苦涩。

南疆人主食面粉，最常见的是称之为馕的圆饼，它是用小麦烤制而成的，色黄，香脆，进食时，总喜欢与香茶伴食。制作香茶时，应先将茯砖茶敲碎成小块状。同时，在长颈壶内加水七八分满，再加热。当水刚刚沸腾时，抓一把碎块砖茶放入壶中，当水再次沸腾约5分钟时，则将预先准备好的适量姜、桂皮、胡椒等细末香料，放进煮沸的茶水中，经过轻轻搅拌，3～5分钟即成。为防止倒茶时茶渣、香料混入茶汤，在煮茶的长颈壶上往往套有一个过滤网。通常是一边吃馕，一边喝茶。这种饮茶方式，与其说是一种解渴的饮料，还不如说是一种佐食的汤料。

◇回族盖碗茶

宁夏回族有喝盖碗茶的传统习俗。盖碗茶以茶具命名。盖碗俗称“盖碗子”、“盖碗盅”。一套完整的盖碗茶具由托盘、茶碗、碗盖三件组成。茶碗是用来冲泡茶水的，底小口大，外沿略向外张开。托盘，是用来托茶碗的，又称“茶托”、“茶船”，碗盖，略小于碗口，可严密地扣在茶碗中，且能保温保味，使泡出来的茶不走味儿。整套茶具精巧玲珑，清雅素净，极具欣赏价值。一般回民喜欢用宁夏出产的质地细白的陶瓷茶具。用这种盖碗茶具泡出来的茶，茶味纯正，色鲜甘爽，富有回味。

回族盖碗茶

盖碗茶所用茶叶多用“陕

青”、“茉莉”、“龙井”等细茶。夏季用青茶，冬季则用红茶。盖碗茶的一大特点是所用配料花样繁多。配料有白糖或红糖、花生仁、芝麻、红枣、桃仁、柿饼、果干、葡萄干、枸杞等。花生仁、芝麻是事先炒熟的，如果讲究一些，连红枣也要事先用炭火烤焦，称“焦枣”。这种配料齐全的称为“八宝盖碗茶”。其他如用陕青茶、白糖、柿饼、红枣沏泡而成的叫“白四品盖碗”；用砖茶、红糖、红枣、果干沏成的叫“红四品盖碗”；用云南沱茶、冰糖沏成的叫“冰糖窝窝茶盖碗”；用砖茶、红枣、红糖沏成的叫“红糖砖茶盖碗”；用陕青茶、白糖沏成的叫“白糖青茶盖碗”。

茶树

主人将配料备齐，将茶叶和各种配料放入茶碗中，为了表示对客人的敬重，主人会揭开碗盖，向客人一一介绍所用配料，然后再去沏茶。如果客人不喜加糖，应事先说明。主人介绍完后，客人应点头称谢。沏茶时，主人左手拿起碗盖，右手提一壶滚沸的开水，将开水注入茶碗内，盖上碗盖，冲泡5～10分钟，将碗盖在茶碗中轻刮一下，双手端起献给客人，并道一声“请喝茶”。冲泡时，倒水不宜过满，满则失礼。泡茶时，将开水溅到桌上或客人身上、衣上，被视为不礼貌的行为。

饮时，先将碗盖在茶碗表面轻刮几下，将浮在茶汤表面的茶叶、芝麻刮到一边，然后将碗盖斜盖在碗口上，留出一小缝“饮口”，以左手托着托盘，右手拇指、中指夹住茶碗，食指轻按碗盖，无名指拖住碗底，从饮口处轻饮轻喝，不得发出响声。

主人会随时为客人添茶，直到客人告辞，从茶碗中捞出一颗红枣放

茶壶

进口中，主人就会明白客人的意思，一面热情挽留，一面则作送客的准备。假如并不打算离开，切莫贪吃碗中食物，否则，主人张罗着送客，就十分尴尬了。当然，客人自冲自饮时又当别论了。

盖碗茶是回民生活中的一件要事。他们把沏盖碗茶叫“转盖碗子”、“抓盅子”，喝茶则叫“刮碗子”。偶尔串门，主人会热情地招呼：“来啥，刮几碗子哟!”回民喝盖碗的习俗与他们的生活习俗有关。回民喜吃牛羊肉，粗纤维的牛羊肉不易消化，而热性的盖碗茶有消食、化痰、醒酒等功能。所以回族人民有“金茶银茶甘露茶，顶不上回回的盖碗茶”这样的俗语。即使从科学饮食的观点，盖碗茶的确有助兴除倦、消食提神、活血补虚、益气健脾、强身补肾、明目清心、减肥增寿等功能。回民甚至以茶代药，驱寒健胃用“红糖砖茶盖碗”，消积化食用“白糖青茶盖碗”，消热降火用“冰糖窝窝茶盖碗”，头痛感冒则干脆在盖碗中加几片姜熬煮，喝下去发一身汗就好了。

回族的盖碗茶中还有一种独特的三炮台盖碗茶，又称“三香碗子茶”。“三炮台”即指茶托、茶碗、茶盖三件。泡茶时，取冰糖50克，湖南茯茶或云南沱茶3～4克，四颗桂圆，放入盖碗中加开水冲泡5分钟即可。若再加入葡萄干和杏干，则称为“五香茶”。饮时要边饮边添水，直到冰糖溶解，桂圆泡涨，这时不再加水，最后将桂圆吃掉。

宁夏、甘肃、青海的回族聚居地流传着饮罐罐茶的习俗。一般茶叶为中低档的炒青绿茶，煮茶的器具则用一高10厘米，口径5厘米，罐腹径7厘米的土陶罐。当地人认为土陶质品具有透气性良好，散热快，不易使茶汤变味等特点，因而有利于保香、保色和保味。煮茶时，先往罐内装小半罐水，放在火炉上煮，待水烧沸后投入5～8克茶叶，边煮边搅动。为了使茶汁充分煮出，2～3分钟后再加水，但只能加至八成满，再次沸滚后即煮成。倾入杯中品啜，能提神解渴，去腻祛病。

◇藏族的酥油茶

藏族主要聚居在我国的西藏自治区，在四川、青海、云南、甘肃的部分地区也有居住，茶是藏族同胞生活中的头等大事。当地有句俗语，叫做“饭可以一天不吃，茶却不能一天不喝”，把茶和米看得同等重要，无论男女老幼，都离不开茶。所以，藏族认为能喝上茶就是幸福。当地有一首民谣这样唱道：“麋鹿和羚羊聚集在草原上，男女老幼聚集在帐篷里；草原上有花就有幸福，帐篷里有茶就更幸福。”

藏族酥油茶

藏族同胞一般每天要喝四次茶，据说，藏族同胞与茶结缘，始于公元7世纪初，唐贞观十五年（641年）文成公主入藏嫁给吐蕃松赞干布，并带去茶叶，首开西藏喝茶之风。据传，文成公主在带去茶叶，提倡饮茶的同时，还亲手将带去的茶叶，用当地的奶酪和酥油一起，调制成酥油茶，赏赐给大臣，获得好评。自此敬酥油茶便成了赐臣敬客的隆重礼节，并由此传到民间。而藏族居住地，地势高亢，空气稀薄，气候高寒干旱，他们以放牧或种旱地作物为生，当地蔬菜、瓜果很少，常年以奶肉糌粑为主食。“其腥肉之食，非茶不消；青稞之热，非茶不解。”茶成了当地人们补充营养的主要来源。同时，热饮酥油茶还能抗御寒冷，增加热量，所以，喝酥油茶便成了同吃饭一样重要的事。

酥油茶是一种在茶汤中加入酥油等作料，再经特殊加工而成的茶汤。至于酥油，乃是把牛奶或羊奶煮沸，经搅拌冷却后凝结在溶液表面的一层脂肪，而茶一般选用的是紧压茶。制作时，先将紧压茶打碎加水

小贴士

茶叶妙用：吃了生葱、大蒜以后，弄一些残茶叶在口里嚼一些时间，能消除葱、蒜的异味。

在壶中煎煮后，滤去茶渣，把茶汤注入打茶筒内。同时，加入适量酥油。还可根据需要加入事先已炒熟研碎的核桃仁、花生米、芝麻粉、松子仁之类。最后还可放上少量食盐、鸡蛋等。用木杵在圆筒内上下抽打。当茶汤和作料已混为一体时，酥油茶才算打好了，随即将酥油茶加热倒入茶瓶待喝。

由于酥油茶是一种以茶为主料，并加有多种食料经混合而成的液体茶饮料，所以，滋味多样，喝起来咸里透香，苦中有甜，它既可暖身御寒，又能补充营养。在西藏草原或高原地带，人烟稀少，家中少有客人进门。偶尔，有客来访，可招待的东西很少，加上酥油茶的独特作用，因此，敬酥油茶便成了藏族人款待宾客的独特礼仪。

◇普米族、怒族的盐巴茶

盐巴茶

盐巴茶是云南普米族、怒族共同爱好的日常饮料。

盐巴茶的制法是，先将特制的小瓦罐洗净，放在火塘上烤烫，再投放碾碎的紧压茶，不停地晃动，直至茶叶烤到“噼啪”作响，散发出焦香味时，向罐内缓缓注入开水。煨煮几分钟，将用线扎紧的盐巴块投入瓦罐中浸泡。稍时，可将罐内浓茶分别倒入小瓷杯中，加水稀释即可饮用。边饮边煨，一直到瓦罐中的茶味消失为止。剩下的茶渣还可以用来喂牛、喂马，能增进牲口的食欲。

当地人喝盐巴茶的同时，还吃玉米粑粑或麦面粑粑。盐巴茶既有茶香，又有盐分，可以代替蔬菜。生活在高寒地区的各兄弟民族缺乏蔬菜，须臾离不开盐巴茶，往往全家每人一个茶罐，一日三餐，餐餐喝盐巴茶。所以，当地流传着这样一首歌谣：

早茶一盅，一天威风。

午茶一盅，劳动轻松。

晚茶一盅，提神去病。

一日三盅，雷打不动。

◇裕固族的“三茶一饭”

裕固族中盛行将青砖茶捣碎后装在布袋中，再投入锅中熬煮，滚沸后加盐少许，用勺略翻扬，注入壶中饮用的红茶。更简便的方法是将茶捣碎成粉末，与少许盐一起装入暖瓶中，冲入开水即可饮用。牧民们在出门前熬制出大壶的红茶。饮时，在茶碗内先放入些炒米、奶酪之类的作料，然后倒入红茶，边喝边续。等到炒米泡软后，再伴上酥油白糖或凉肉吃掉，最后喝点红茶润口。这样，出门后精神爽快，即使一天不吃不喝也不会感觉饥渴。

茶芽

游牧民族以茶当饭的情况并不少见。他们先将青稞面或白面炒热后，掺入一些羊油或牛油、酥油，搅拌均匀，待冷却后备用。再将熬好的红茶汁倒入，搅动成糊状，食用。尤其在冬季，常以之为食，当然也

裕固族人

作饮料饮用。

西北的裕固族人每天吃一次饭，却要喝三次茶，这是他们三茶一饭的习俗。牧民们每天早起第一件事就是煮茶。用铁锅将水烧开，倒入捣碎的茯砖茶熬煮。直到茶汤浓酽时，再调入牛奶和食盐，用勺子在汤内反复搅动，使牛奶和茶汤搅和均匀。茶碗中先放入酥油、炒面、奶皮、曲拉等，搅拌而食。热茶倒入碗中，化开的酥油就像一块金色的盖子，盖住碗面；再用筷子一搅，炒面、奶皮、曲拉就成了糊状。这早茶就是他们的早餐了。午餐也饮茶，饮时与烫面烙饼同食。下午再喝一次茶。一天总共喝三次茶。晚上放牧归来，全家才吃一顿饭，所以是“三茶一饭”。

裕固族夫妇新婚第二天天亮之前，新娘第一次到婆家厨房生火，称“生新火”。然后用新火、新锅为全家熬一锅新茶，称“烧新茶”。茶烧好后，新郎请来全家老幼，按辈分次序一一向新娘介绍。新娘则为全家每人舀上一碗新茶。新茶一般为酥油奶茶。如果家中有辈分小的婴儿，则由新娘喂上一块酥油。

◇东乡族的“家伍茶”

东乡族主要居住在甘肃临夏和新疆伊宁、霍城等地。他们的儿女婚姻，与茶密切相连。东乡族男子看中了某家姑娘，先请“找赤”（媒人）到女方家说亲。应允后，即送“订茶”，一般为一块茶砖和几件衣物，只给女方本家。以后，择佳日履行订婚手续，称为“麦海勒库”（送彩礼）。彩礼分两类：一类是茶叶、红糖、糕点等；一类是经过媒人事先商定的，如衣服、现金、金银首饰等。此外，还要给女方“亲家伍”（家族）专门送礼。若“亲家伍”只有几家，则每家送礼一份。如果“亲家伍”过于庞大而且路途较远，可用“总茶”代替。把一份茶礼送给“亲家伍”的甲户，就表示给每个“亲家伍”都送了礼。下次再遇喜事，则送给乙家。依次类推。

茶叶

最别致、最有意趣的是喝“家伍茶”。娶亲前一天，男方宴请“幅个家伍”（大家族）及媒人，商议娶亲、迎婚诸事仪式，叫做喝“家伍茶”。这一天，长老坐上席，其他人分坐两旁。宴毕，由家伍长老和男方家长分别就婚礼招待事项，以及安排娶亲人员等问题进行陈述，取得大家的首肯。

娶亲时，还有一招也颇有风趣。新郎要到厨房去，向厨师，帮忙的阿姑、姊妹、岳母等“色俩目”（问好）。有人捧出满满的一碗茶，请新郎一方品尝。新郎要转请厨师代吃，声称厨师辛苦而答谢之。欢乐的戏谑声中，阿姑们手忙脚乱地用锅黑给新郎和陪客脸上抹黑。机灵的新郎乘混乱之机，顺手从厨房偷走一件东西，或为碗筷碟盘，或茶杯勺子，以此炫耀自己把姑娘家的“茶饮”手艺偷来了，姑娘从此可以安心地坐家过日子了。

路途较远的婚娶，男方的亲友为了加强喜庆气氛，常常在村边摆上桌椅，放些茶和糖果、肉食等，称之为“图苏湖”，就是供娶亲人小憩的简便茶宴。在这里，迎亲队伍喝茶、吃点心，稍事休息，同时，亲友们又给新郎及陪客披红绸条幅，免不了又是一番热闹。

东乡族人

◇畲族宝塔茶

畲族人

分布在广东、福建、浙江、江西、安徽等地的畲族人民种茶、饮茶的历史十分悠久。畲族人民家家户户不但种茶，而且都有自制茶叶的技艺。自给自足的茶叶供应，使他们养成了常年喝茶的习惯。同样，他们也把茶叶当菜，吃饭时，泡一碗茶，代菜汤配饭，是常见的事。留客就餐时，先茶后饭是传统的礼节，故有广泛流传“茶哥米弟”之说。左邻右舍来串门，也招待以茶水，客人一喝就是两三碗，叫“一碗苦，二碗补，三碗洗洗嘴”。客人走时总要包上一包高山茶叶作为礼物让客人带走。

畲族人民在婚嫁节日期间更离不开茶，尤其是婚俗中的饮茶非常有特色。除了新郎新娘拜堂后，新娘要向长辈和宾客们一一敬甜茶，即在熬好的茶汤中加入砂糖之外，福建福安松罗一带的畲族人民还有在婚礼中饮宝塔茶的奇俗。畲族男女成亲的当天，男方要请一位聪明能干、老成持重的人做“亲家伯”，带着四位轿夫，抬着花轿到女方家接亲。接亲可不容易，在女方家要受到女方代表“亲家嫂”的刁难，过了关方可接到新娘，所以接亲又叫“过三关”。

亲家伯到达女方家时，亲家嫂会鸣炮开门迎接亲家伯，一般要端一条板凳放在厅堂左侧，亲家伯坐时则必须把板凳抬到右侧以示谦让。这算是第一关。第一关过后，亲家嫂开始给客人敬烟，而亲家伯要更主动地给客人敬烟，不分男女老少都要敬一支，如有疏漏，则为失礼。亲家嫂会毫不客气地将燃着的鞭炮扔到亲家伯脚下炸他，出他的洋相。这关过后，就是最难的第三关，接宝塔茶了，这是亲家嫂的绝招，也是婚礼进行中的高潮。

茶壶

亲家嫂会当众端出五碗茶，用红漆樟木八角盘托着，并有意将五碗茶叠放成三层宝塔形状，上下层各一碗，中间层三碗。亲家嫂笑容可掬但又迅速利落地分别将五碗茶敬献给亲家伯。亲家伯不能用手接第一碗，而要利索地用牙齿咬住“塔顶”的第一碗茶，同时用右手指夹住中间三碗，左手端住最底层的那碗，并先后将中下层的四碗递给随同到来的那四名轿夫。接着，亲家伯要一口气将嘴里咬着的那碗茶喝干，不能溅出一滴或流掉一点，从而赢得满堂喝彩。如果功夫不到家，茶水溅漏出来，就会遭到众人的一番奚落。畲族宝塔茶是畲族人民利用饮茶活动来增添生活乐趣的体现。饮茶带给人们的不仅有心的闲适，同时也有令人心悸的活泼。

◇白族的三道茶

白族是一个十分好客的民族，不论逢年过节，生辰寿诞，男婚女嫁，或是有客登门造访，都习惯于用三道茶款待客人。三道茶，白族称它为“绍道兆”。这是一种祝愿美好生活，并富于戏剧色彩的饮茶方式。当初白族只是用喝“一苦二甜三回味”的三道茶作为子女学艺、求学，新女婿上门，女儿出嫁，以及子女成家立业时的一套礼俗。以后，应用范围日益扩大，成了白族人民喜庆迎宾时的饮茶习俗。

白族三道茶，以前，一般由家中或族中长辈亲自司茶。如今，也有小辈向长辈敬茶的。制作三道茶时，每道茶的制作方法和所需原料都是不一样的。

第一道茶，称之为“清苦之茶”，寓意做人的哲理：“要立业，先要吃苦。”制作时，先将水烧开，司茶者先用一只粗糙的小砂罐烤热

小贴士

白族是我国西南边疆一个少数民族。主要分布在云南省大理白族自治州和丽江、碧江、保山、南华、元江、昆明、安宁等地，贵州毕节、四川凉山、湖南桑植县等地亦有分布。善经营农业、盐渍杜鹃花。三道茶是云南白族招待贵宾时的传统饮茶方式。

后，投入适量的茶叶，不停地转动，使茶的叶色转黄，并发出焦糖香时，立即注入已经烧沸的开水。少顷，主人将沸腾的茶水倾入小茶盅内，再用双手举盅献给客人。这杯茶喝下去滋味苦涩，故而谓之苦茶。

第二道茶称之为“甜茶”。当客人喝完第一道茶后，主人重新用小砂罐置茶、烤茶、煮茶，还在茶盅放入少许红糖，待煮好的茶汤倾入八分满为止。这样沏成的茶，甜中带香，甚是好喝，它寓意“人生在世，做什么事情，只有吃得了苦，才会有甜香来!”

最后一道茶称之为“回味茶”。其煮茶方法虽然相同，只是茶盅中放的原料已换成适量蜂蜜，少许炒米花，3～5粒花椒，一撮核桃仁，茶汤容量通常为六七分满。饮第三道茶时，一般是一边晃动茶盅，使茶汤和作料均匀混合，一边口中“呼呼”作响，趁热饮下。这杯茶，喝起来甜、酸、苦、辣各味俱全，回味无穷。因此，白族称它为“回味茶”，意思是说，凡事要多“回味”，切记“先苦后甜”的哲理。通常主人在款待三道茶时，一般每道茶相隔3～5分钟进行。另外，还得在桌上放些瓜子、松子、糖果之类，以增加饮茶情趣。如今，白族三道茶的料理已有

白族三道茶

所改变，内容更加丰富，但“一苦二甜三回味”的基本特点依然如故，成了白族人民的传统风尚。

◇瑶族、壮族的咸油茶

瑶族、壮族主要分布在广西，毗邻的湖南、广东、贵州、云南等山区也有部分分布。瑶族、壮族的饮茶风俗很奇特，喜欢喝一种类似菜肴的咸油茶，认为喝油茶可以充饥健身、祛邪去湿、开胃生津，还能预防感冒。对居住在山区的民族而言，咸油茶实在是一种健身饮料。

做咸油茶时，很注重原料的选配。主料茶叶，首选茶树上生长的健嫩新梢。采回后，经沸水烫一下，再沥干待用。配料常见有大豆、花生米、糯粑、米花之类，制作讲究的还配有炸鸡块、爆虾子、炒猪肝等。另外，还备有食油、盐、姜、葱或韭等作料。制咸油茶时，先将配料或炸、或炒、或煮，制备完毕，分装入碗。尔后起油锅，将茶叶放在油锅中翻炒，待茶色转黄、发出清香时，加入适量姜片和食盐，再翻动几下，随后加水煮沸3～4分钟。待茶叶汁水浸出后，捞出茶渣，再在茶汤中撒上少许葱花或韭段。少时，即可将茶汤倾入已放有配料的茶碗中，并用调匙轻轻地搅动几下。这样，香中透鲜、咸里显爽的咸油茶就做好了。

瑶族、壮族的咸油茶

由于咸油茶加有许多配料，所以，与其说它是一碗茶，还不如说它是一道菜。如此一来，有些深感自己制作手艺不高的家庭，每当贵宾进门时，还得另请村里做咸油茶的高手操作。又由于敬咸油茶是一种高规格的礼仪，因此，按当地风俗，客人喝咸油茶，一般不少于三碗，这叫“三碗不见外”。

茶艺

◇傣族竹筒香茶

小贴士

傣族，中国的少数民族之一。傣族人民主要聚居在云南省的西双版纳傣族自治州、德宏傣族景颇族自治州、耿马傣族佤族自治县、孟连傣族拉祜族佤族自治县、景谷傣族佤族自治县、新平彝族傣族自治县，此外，在景东、普洱、思茅、腾冲、龙陵、双江、西盟、元阳、河口等30多个县市境内，也有傣族小块聚居或零散分布。其他散居于云南的大部分地方。

竹筒香茶是云南傣族同胞别具一格的风味茶，傣语称为“腊跺”。

竹筒香茶产于西双版纳傣族自治州勐海县，是用很细嫩原料所制成的，又名“姑娘茶”。姑娘茶的做法有两种。制法之一是采摘一芽二三叶的茶青，经铁锅炒制，揉捻后，装入生长仅一年的嫩甜竹（又名香竹、金竹）筒内，这样就制成了既有茶香，又有竹香的竹筒茶了。

制法之二是在一个小饭甑中先铺上6～7厘米厚浸足了水的香糯米，在糯米上铺一层干净的纱布，在纱布上放上一层晒青毛尖茶，然后盖上饭甑用旺火蒸上15分钟左右，待茶叶软化并充分吸收了糯米的香气之后即可倒出，再装入竹筒，放在炭火上以文火慢慢烘烤，过几分钟翻动竹筒一次，待筒内茶叶全部烘干后，即可收藏起来，这便是既有茶香、糯米香又有甜竹清香的竹筒茶。制好的竹筒香茶很耐贮藏，用牛皮纸包好，放在干燥处贮藏，品质经久不变。在饮用时最好是用嫩甜竹的竹筒装上泉水，放在炭火上烧开，然后放入竹筒香茶再烧5分钟，待竹筒稍凉后即可慢慢品饮。亦

嫩甜竹

可用壶具冲泡。

饮竹筒香茶，几种香气相得益彰，既消暑解渴，又解乏提神，别有一番情趣。

◇佤族的烧茶

佤族主要分布在我国云南的沧源、西盟等地，在澜沧、孟连、耿马、镇康等地也有部分居住。他们自称“阿佤”、“布饶”，至今仍保留着一些古老的生活习惯，喝烧茶就是他们一种流传久远的饮茶风俗。佤族的烧茶，冲泡方法很别致。通常先用茶壶将水煮开，与此同时，另选一块清洁的薄铁板，上放适量茶叶，移到烧水的火塘边烘烤。为使茶叶受热均匀，还得轻轻抖动铁板。待茶叶发出清香、叶色转黄时，随即将茶叶倾入开水壶中进行煮茶。约3分钟后，方可开始喝茶。

◇侗家打油茶

桂北地区的侗族人，有家家打油茶、人人喝油茶的习惯。一日三餐，必不可少。早餐前吃的称为早餐茶，午饭前吃的称晌午茶，晚餐前吃的称为宵夜茶。

“打”油茶的用具很简单，要一口炒锅，一把竹篾编成的茶滤，一只汤勺。用料有茶籽油、茶叶、阴米、花生仁、黄豆和葱花儿。打油茶的第一道工序是发阴米。将茶油倒入铁锅，烧热煮沸，把阴米一把一把地放入滚油锅里，炸成白白的米花浮在油面。第

打油茶

泡茶用餐

二道工序是炒花生仁、炒黄豆、炒玉米或其他副食品。第三道工序是煮油茶，茶叶用当地出产的大叶茶，也有的是用从茶树上刚采下的新鲜叶子，讲究的必须选用“谷雨茶”，一定要在清明至谷雨采摘，要求芽叶肥壮。每锅茶水煮多煮少，依饮茶的人数而定，以每人每轮半小碗为准。喝油茶一般是“三咸一甜”（三碗放盐的茶水、一碗放糖的汤圆茶水）。喝茶时，由主妇把炸阴米、炸花生、炸糍粑、炸黄豆分入碗，用汤勺把热茶水冲入碗中，喷香的油茶就“打”成了。油茶具有浓香、甘甜味美、营养丰富等特点，常饮能提神醒脑，治病补身。

凡是到侗家来的客人，都会体验到敬油茶的这一习俗。油茶煮好，主妇给客人敬上一碗油茶后，还会在碗旁摆上一根筷子，筷子是用来拨碗里作料的。主人敬茶的次数最多可达16次，最少不少于3次。如果客人喝了三碗不想要了，那就用筷子把碗里的作料拨干净吃掉，然后把那根筷子横放在碗口上，主人就不会再给客人添茶了，如果筷子总往桌子上放；主人就会给客人继续添油茶。

为了打油茶，当地群众把茶叶制成茶饼，以便于保存。茶饼是用采回的鲜茶叶，经筛选后，放入锅内煮沸杀青除涩，捞出晒干，再装入木甑蒸软重压，每次加入茶叶1～1.5千克，这样层层加进去，直到甑满为止，冷却后倒出，便成了一盘盘的“压缩茶饼”，打油茶时随取随用，很方便。

◇拉祜族的烤茶

拉祜族主要分布在云南澜沧、孟连、沧源、耿马、勐海一带。饮烤茶是拉祜族最古老的茶俗，绵延至今。

烤茶

饮烤茶包括四个操作程序。

一是装茶抖烤。先将小陶罐置于火塘上用文火烤热，然后放上适量茶叶抖烤，使之受热均匀。待茶叶叶色转黄，并发出焦糖香时即可。

二是沏茶去沫。将沸水倒入盛茶的小陶罐，然后拨去上部浮沫，再注满沸水，煮沸3分钟后待饮。

三是捧茶敬客。将罐内烤好的茶水倾入茶碗，捧茶敬客。

四是喝茶啜味。拉祜族人认为，烤茶香气足，味道浓，能振奋精神，是上等好茶。因此，拉祜族喝烤茶，总喜欢热茶啜饮。

◇景颇族、德昂族的腌茶

居住在云南省德宏地区的景颇族、德昂族等兄弟民族，至今仍保持着一种以茶为菜的食茶方法。

腌茶一般在雨季进行，所用的茶叶是不经加工的鲜叶。制作时，姑娘们首先从茶树上采回鲜叶，用清水洗净，沥去鲜叶表面的附着水后待用。

小贴士

景颇族，中国云南世居民族之一，主要聚居在云南省德宏傣族景颇族自治州各县的山区，少数居住在怒江傈僳族自治州的芒马、古浪、岗房以及耿马、澜沧等县。

腌茶时，先用竹匾将鲜叶摊晾，晒去少许水分，而后稍加搓揉，再加上辣椒、食盐适量拌匀，放入罐或竹筒内，层层用木棒舂紧，然后将罐（筒）口盖紧，或用竹叶塞紧。静置2～3个月，至茶叶色泽开始转黄，就算将茶腌好。

将腌好的茶从罐内取出晾干，然后装入瓦罐，随食随取。讲究一点的，食用时还可拌些香油，也有加蒜泥或其他作料的。

◇傈僳族的油盐茶

傈僳族油盐茶

傈僳族主要聚居在我国云南的怒江地区，云南的丽江、大理、迪庆、楚雄、德宏及四川的西昌等地也有少数傈僳族人散居。傈僳族人质朴而好客，喝油盐茶是傈僳族人中广泛流传的一种古老的饮茶方法，也是傈僳族同胞常用来待客的饮料。

傈僳族人制作油盐茶的方法与众不同，堪称奇特。首先将小陶罐在火塘（坑）上烘热，然后在罐内放入适量茶叶在火塘上不断翻滚，使茶叶烘烤均匀，待茶叶变黄，并发出焦糖香时，加上少量食油和盐。稍时，再加水适量，煮沸2～3分钟，就可将罐中茶汤倾入碗中待喝。油盐茶喝起来香喷喷，油滋滋，咸兮兮，既有茶的浓醇，又有糖的回味。